WERKSTATTBÜCHER
FÜR BETRIEBSBEAMTE, VOR- UND FACHARBEITER
HERAUSGEGEBEN VON EUGEN SIMON, BERLIN
HEFT 26

# Räumen

## Anwendung, Konstruktion und Herstellung der Räumnadeln. Fehler beim Räumen

Von

Leonhard Knoll

Mit 129 Figuren im Text

Berlin
Verlag von Julius Springer
1926

# Inhaltsverzeichnis.




ISBN-13: 978-3-7091-5208-9 e-ISBN-13: 978-3-7091-5356-7
DOI: 10.1007/ 978-3-7091-5356-7

# Einleitung.

Räumen ist das jüngste Verfahren, durchgehenden Bohrungen durch Spanabheben eine bestimmte Form zu geben. Das Räumen hat große Verbreitung gefunden, denn die Arbeitsverfahren, die es ersetzt, waren teils wegen der Werkzeuge, teils wegen der aufzuwendenden Bearbeitungszeit sehr teuer und zeitraubend. Die Vorteile der Formlöcher, wie z. B. Vielkant- und Mehrnutenlöcher, wurden auch deshalb wenig ausgenutzt, weil die Genauigkeit der alten Arbeitsverfahren viel zu wünschen übrigließ. Formlöcher wurden mit wenigen Ausnahmen auf der Stoßmaschine hergestellt, mit Zustellung des Spanes von Hand. Die Form war meist von der Genauigkeit des Anrisses abhängig und bedurfte einer Nacharbeit unter der Dornpresse, die als letzten Arbeitsgang einen oder mehrere verzahnte Dorne hindurchdrücken mußte. Bestenfalls wurden Bohrungen bestimmter Form auf automatischen Maschinen gestoßen, dann aber meist immer noch unter einer Dornpresse nachbehandelt.

Die Genauigkeit und Sauberkeit der durch Räumen hergestellten Löcher gegenüber den nach alten Verfahren bearbeiteten ist in der Hauptsache durch die grundverschiedene Anordnung des Kraftangriffes am Werkzeug bedingt. Es ist eine altbekannte Tatsache, daß eine Bearbeitung unter Beanspruchung des Werkzeuges auf Zug bei sonst gleichen Verhältnissen besser ist, als eine solche auf Druck.

Weiterhin ist der Fortfall meist jeglicher Aufspannung des Werkstückes der Einführung des Räumverfahrens sehr förderlich. Das Arbeitsstück wird nicht festgespannt, in den meisten Fällen noch nicht einmal durch ein besonderes Hilfsmittel zentriert. Das Werkzeug selbst besorgt hier die Befestigung des Werkstückes, sofern nur die Vorarbeiten an diesem richtig ausgeführt sind. Diese Vorarbeiten beschränken sich auf die Anordnung einer zur Bohrung senkrecht stehenden Fläche, z. B. Bohrung und Anlagefläche eines Flansches, der auch sonst bearbeitet werden müßte.

Das vorliegende Heft soll ein Wegweiser sein: es soll die vielfach über Räumen bestehenden Fragen beantworten und aufklärend wirken. Zur Anfertigung der Räumwerkzeuge gehört große Erfahrung; der Abschnitt „Konstruktion der Räumnadeln" weist auf die Schwierigkeiten der Selbstherstellung hin. So einfach die Werkzeuge erscheinen mögen, so ist doch bei ihrer Herstellung viel Sorgfalt zu verwenden, denn nur bei gründlicher Kenntnis und ausgezeichneten Einrichtungen können wirklich einwandfreie Werzkeuge geschaffen werden.

Die Bedienung der Räummaschine und das Arbeiten mit Räumnadeln selbst ist sehr einfach, in den meisten Fällen von einem angelernten Arbeiter ausführbar, so daß bedeutende Ersparnisse auch hierdurch möglich sind. Es lassen sich unter günstigen Umständen ohne Nachschärfen der Nadel Tausende von Werkstücken bearbeiten, wenn auch nicht verkannt werden soll, daß unsachgemäße Behandlung eine Räumnadel schnell verderben kann.

Durch Normen der Formlöcher ist es möglich, Räumnadeln gut auszunutzen, so daß sie auch für Herstellung geringer Anzahl Werkstücke verwendet werden können.

Aus all diesen Gründen heraus ist der Siegeszug der Räumnadel möglich gewesen, und es ist zu wünschen, daß die Anwendung des Räumverfahrens immer weitere Kreise zieht. Für eine gut eingerichtete Räumnadelfirma gibt es heute praktisch Schwierigkeiten nicht mehr, wenn auch das letzte Wort in der Räumungsfrage noch nicht gesprochen ist.

Besonderen Dank den nachstehend verzeichneten Sonderfirmen, die mich durch Überlassung von Unterlagen unterstützten:

Oswald Forst, Maschinenfabrik, Solingen. Generalvertrieb A. H. Schütte, Köln.

Weißeritztalwerke, Dippoldiswalde in Sachsen.

Dolze und Slotta, Coswig in Sachsen.

The Lapointe Machine Tool Company, Hudson, Massachusetts. Vertrieb durch F. G. Kretschmer & Co., Frankfurt a. M.

# I. Anwendung der Räumnadel.

**1. Anwendungsgebiete.** Das Anwendungsgebiet der Räumnadel streng zu umreißen ist nicht gut möglich; es müßte schon auf die Verwendungsmöglichkeit der einzelnen Formlöcher eingegangen werden, wenn diese Frage eingehend beantwortet werden sollte. Als Formlöcher kommen in Betracht: Vielkant- und Mehrnutenlöcher, Rundlöcher oder Löcher von irgendwelcher Form.

Für das Räumverfahren sind besonders in der Automobilindustrie eine ganze Anzahl Möglichkeiten, z. B. am Wechselgetriebe, an der Hinterachse, besonders auch für Pleuelstangen und viele mehr, geschaffen worden. Die in letzter Zeit angewendete Rudge-Verzahnung für Autoräder wird nur noch mittels Räumnadel hergestellt. Dem Motorenbau ist eine neue Bearbeitungsart gegeben, indem die Bohrungen der Zylinder rund geräumt werden. In der Elektrotechnik gibt es eine Menge Möglichkeiten der Anwendung, z. B. die Statorkörper der Motoren, Telephonteile, Radioteile und mehr. Ferner kommt das Räumen in Betracht im Werkzeugmaschinenbau (für Wechselräder-Schiebeverbindungen), im Schiffsmaschinenbau, im Werkzeugbau und auch im Rechen- und Schreibmaschinenbau. Bei landwirtschaftlichen Maschinen, Haushaltungsmaschinen und Hebezeugen gibt es verschiedene Formlöcher, die bei den teilweise großen Serien wirtschaftlich geräumt werden können. Aus der optischen Industrie, ebenso aus der Webstuhl- und Spinnmaschinenfabrikation lassen sich eine Menge Beispiele anführen. Auch in der Waffenindustrie und in der Geschoßfabrikation werden Räumnadeln viel angewendet. Im nächsten Absatz werden einige Arbeitsbeispiele angeführt und durch Skizzen erläutert.

Es kann zusammenfassend gesagt werden, daß die Räumnadel überall da angewendet werden kann, wo neben Sauberkeit der bearbeiteten Oberfläche auf mehr oder weniger große Genauigkeit der Werkstücke untereinander Wert gelegt wird. Dabei ist weniger von Bedeutung, welche Form und Abmessung die Bohrung hat. Sogar als Ersatz für die Bearbeitung durch Reibahle wird das Räumverfahren auch auf runde Löcher angewendet. Die Länge der Bohrung spielt nur insofern eine Rolle, als für eine bestimmte Räumnadel die zulässige Lochlänge nicht über- noch unterschritten werden darf. Eine Änderung des Werkstoffes des Arbeitsstückes ist nur bedingtermaßen zulässig; denn für verschiedene Werkstoffe sind verschiedene Schnittwinkel der Zähne notwendig. Deshalb ist hier besondere Vorsicht am Platze.

**2. Anwendungsbeispiele.** Als bekanntestes Beispiel ist das Räumen einer Keilnute zu nennen. Keilnuten wurden meist und werden noch viel nach Lehre auf der

Stoßmaschine bearbeitet. Hierbei muß das Werkstück durch Spanneisen festgespannt und ausgerichtet werden. Genauer wird die Bearbeitung schon auf der Keilnutenziehmaschine mit Ziehkolben bei selbsttätiger Spanzustellung. Die Arbeit des Nutenräumens auf der Räummaschine aber bringt neben der Genauigkeit auch noch bedeutende Zeitersparnis, weil eben die Nadel in einigen Sekunden durchläuft und die Nute meist in einem Zuge fertigstellt. Dabei erübrigt sich jede Nacharbeit mit Feile oder anderen Werkzeugen.

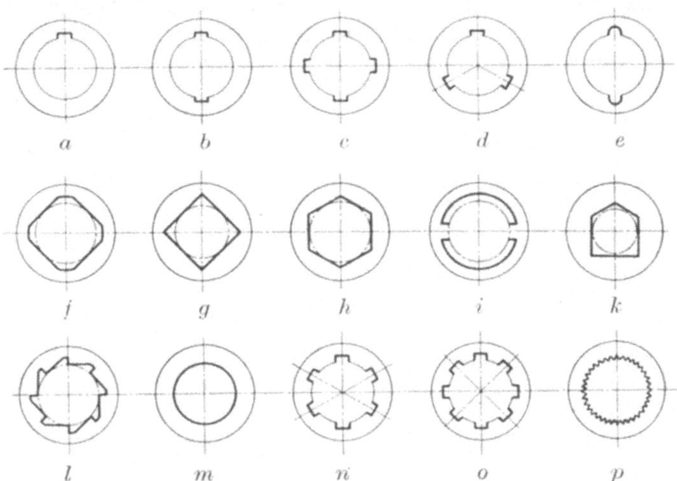

Fig. 1. Formlöcher, die vorteilhaft geräumt werden.

In Fig. 1 sind die am häufigsten vorkommenden Formen wiedergegeben. Die Bohrungen *a*, *b*, *c* werden hauptsächlich mit einfacher Nutennadel und erforderlichenfalls in einer Teilvorrichtung geräumt, auch die Bohrungen *d* und *e* können noch mit einfacher Nadel bearbeitet werden. Dagegen sind die Löcher *n* und *o* schneller mittels Mehrnutennadel herzustellen, ebenso auch schon die Form *c*. Die Formlöcher *c*, *n*, *o* sind besonders für Schiebeverbindungen geeignet, so auch die Ausführung der Bohrungen *f* und *i*, die durch Formnadeln in einem bzw. zwei Zügen fertiggestellt werden. Die Formen *g* und *h* sind für Steckschlüssel u. dgl. anwendbar. Die Anordnung von Nuten nach *d* in Lagern bezweckt eine gute Befestigung des Lagermetalles. Die Verzahnung *l* ist für Sperräder, die Verzahnung *p* ist eine sicheren Schiebeverbindung.

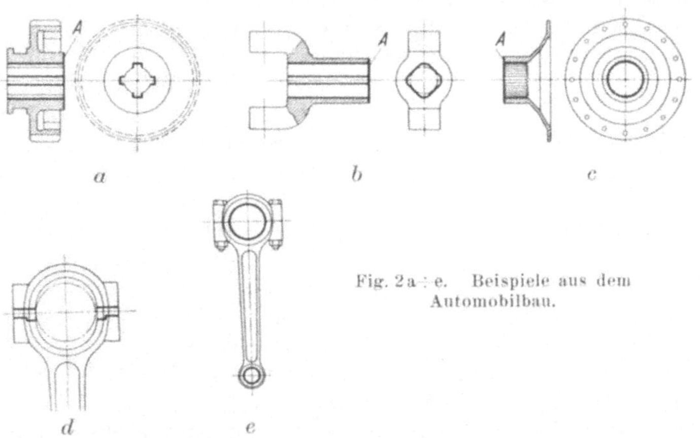

Fig. 2a ÷ e. Beispiele aus dem Automobilbau.

Die nachfolgenden Figuren geben Beispiele aus bestimmten Verwendungsgebieten. In Fig. 2 sind Arbeitsbeispiele aus dem Automobil- und Motorenbau: das Getrieberad *a* ist hier mit einer viermal genuteten Bohrung versehen; das Loch ist auf der Bohrmaschine vorgebohrt und auf der Drehbank auf Schleifmaß vorgearbeitet. Im selben Arbeitsgang ist die Fläche *A* plangedreht, so daß sie beim Räumen als Anlage dienen kann. Nach dem Räumen wird das Rad auf einen Dorn gesteckt und fertiggedreht. Die Bohrung wird dann lehrenhaltig rundgeschliffen oder auch in einem besonderen Arbeitsgang rundgeräumt. Das Kardangelenk *b* ist in derselben Weise vorgearbeitet; auch hier ist eine zur Bohrung senkrechte Fläche *A* durch Abdrehen in einer Aufspannung geschaffen. Eine solche senkrechte Fläche muß bei allen Arbeitsstücken vorhanden sein, damit das Ergebnis des Räumens einwandfrei ausfällt. Die Radnabe *c* wird mit Rudgeverzahnung versehen und ebenso vorgearbeitet; fertigbearbeitet wird jedesmal nach dem Räumen. Der Kopf der Pleuelstange des Automobilmotores muß zum Aufbringen auf die Kurbelwelle geteilt werden. Eine Trennadel ist hier sehr von Vorteil. Der Paßrand wird dabei gleich mit hergestellt; der Gegenpaßrand des Deckels wird auf der Fräsmaschine bearbeitet und nach dem Bohren der Schraubenlöcher wieder mit dem zugehörigen Pleuel verschraubt. Die Pleuelstange wird in einer Bohrvorrichtung weiterbearbeitet, in der die Kurbel- und Bolzenaugen bis auf 1 mm Untermaß vorgebohrt, um hierauf nach Fig. 2*e* durch Räumen mittels Rundnadel fertiggestellt zu werden.

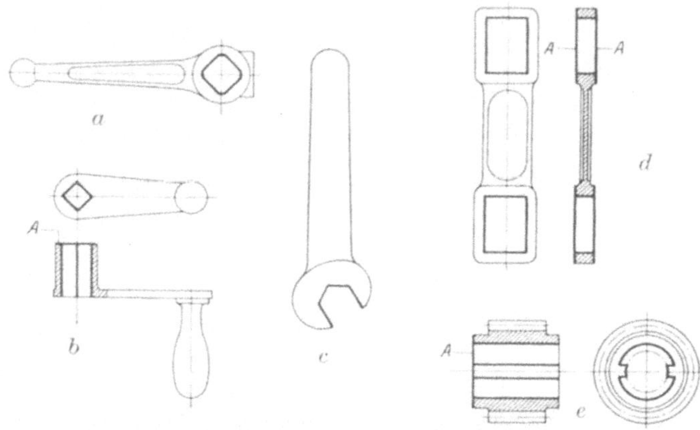

Fig. 3a÷e. Beispiele aus dem Maschinenbau.

Einige Beispiele aus dem Maschinenbau gibt Fig. 3. Die Bohrung des Stellhebels *a* ist in der üblichen Weise mit Spiralbohrer vorgebohrt und die eine Stirnseite mit Zapfensenker abgesenkt. Hierauf wird durch Vierkantnadel die Form des Loches geräumt. Die Kurbel *b* ist in derselben Weise vorgearbeitet: Die Fläche *A* ist durch Zapfensenker abgeflacht und beim Räumen als Anlagefläche benutzt worden. Um das Maul des Schraubenschlüssels zu räumen, bedarf es einer einfachen Vorrichtung. Eine Vorbearbeitung des Schlüssels kommt hier nicht in Betracht. Das ins Gesenk geschlagene Stück wird nur abgegratet und dann geräumt. Der Kulissenhebel *d* wird auf beiden Seiten *A* gefräst. Die beiden Löcher werden dann unter Benutzung einer einfachen Aufnahmevorrichtung geräumt. Hier werden gleichzeitig zwei Stück auf einmal fertiggestellt, zuerst die eine Seite, dann wird die geräumte Seite in eine einfache Zentrierung genommen und die andere viereckige Öffnung bearbeitet. Die Schnecke *e* mit zwei festen Keilen ist in zwei Zügen geräumt. Die Vorarbeiten beschränken sich auch hier auf das Vorbohren mit Spiralbohrer und Abflachen der Seite *A*.

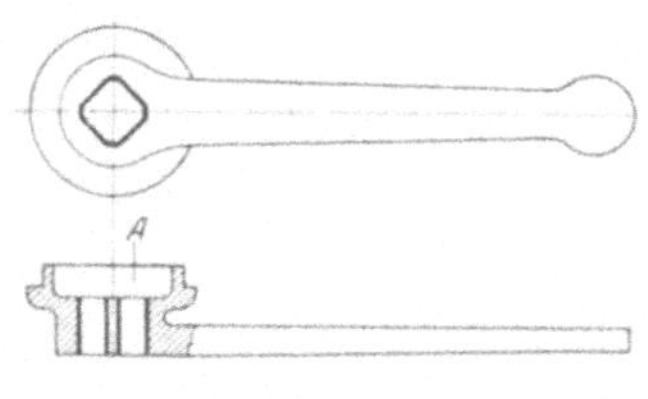

Fig. 4.

Das bekannteste Arbeitsbeispiel aus dem Fahrradbau, die Tretkurbel, ist in Fig. 4 dargestellt. Das Vierkantloch, das nach dem Räumen noch kegelig gedrückt wird, ist auf der Bohrmaschine vorgebohrt. Eine Bearbeitung der Fläche *A* vorm Räumen ist hier nicht erforderlich, da diese auch beim Bohren als Anlage dient, das Bohrloch also von selbst rechtwinklig zur Anlagefläche steht, auch wenn Unebenheiten vorhanden sind.

Fig. 5 gibt einige Beispiele aus dem Werkzeugbau: *a* ist die Außenhülse eines Bohrfutters für Federspannung, *b* ein Zahnrad eines Getriebespannfutters, das zu mehreren geräumt wird. Eine einfache Aufnahmevorrichtung ist im Abschnitt IV angegeben. Die Vorarbeit besteht beim Bohrfutterteil *a* im Fertigdrehen der Bohrung und Vordrehen des Außendurchmessers; *b* wird auch bis auf den Außendurchmesser fertig bearbeitet. Das Schneideisen *c* ist vorgebohrt und auf der Drehbank geplant.

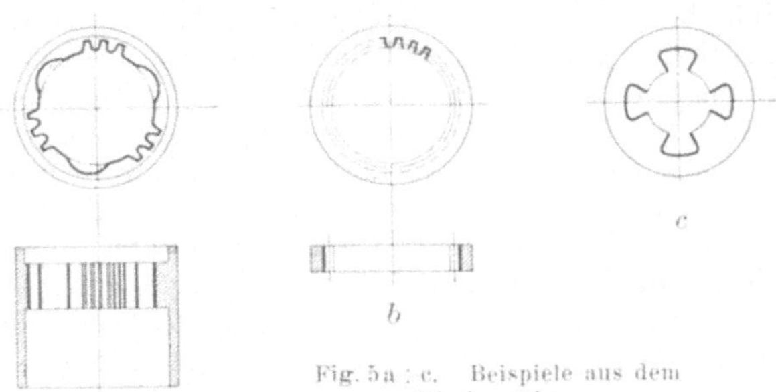

Fig. 5a ÷ c. Beispiele aus dem Werkzeugbau.

Einige Arbeitsbeispiele aus der Waffenindustrie zeigt Fig. 6. Hier wird in Selbstladepistolen *a* die Aussparung *x* im ersten Räumarbeitsgang eingezogen; die Vorarbeit beschränkt sich auf das Durchfräsen einer Nute, wie durch die strichpunktierten Linien angegeben ist. Die endgültige Form des Loches wird dann mit einer Nadel fertiggestellt. Auch das Loch *y* wird nach Fertigstellung von *x* mit Nutenfräsern von zwei Seiten vorgefräst, damit für den Schaft der Nadel genügend Platz ist. Die Spanabnahme der Nadel ist natürlich in diesem Falle gering, das Patronenmagazin muß also nach dem Vorfräsen nur noch wenig Untermaß, etwa 0,3 mm auf jeder Seite, haben.

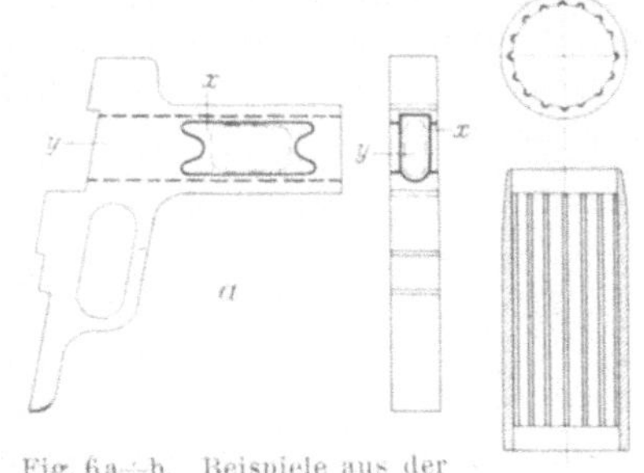

Fig. 6a ÷ b. Beispiele aus der Waffenindustrie.

Es lassen sich noch verschiedene Beispiele anführen. Der Lauf der Pistole kann auch rund geräumt, und in einem zweiten Arbeitsgang können dann die Züge eingeräumt werden. Hierzu wird eine Drallvorlage verwendet, ähnlich der in Abschnitt IV abgebildeten. Für Geschosse gibt *b* (Fig. 6) ein Beispiel. Hier ist die Bohrung mit schmalen Längsnuten versehen, die dann später in einem Arbeitsgang auf der Drehbank durch Ringnuten verbunden werden. Die Geschosse werden in diesem Falle so weit vorgearbeitet, daß nach dem Räumen nur noch der Außendurchmesser fertigzudrehen ist.

Aus der Elektrotechnik sei folgendes Bearbeitungsbeispiel angeführt: Bei der Massenfertigung von Elektromotoren werden vorteilhaft als Nacharbeit die gestanzten Ständer- und Läuferbleche geräumt. Dazu werden die Nuten der Polbleche mit Untermaß gestanzt und nach dem Zusammenbau der Bleche die Polnuten geräumt. Dabei wird der zusammengebaute Ständer oder Läufer in eine Teilvorrichtung gespannt, und die Nuten werden einzeln eingeräumt. Im Abschnitt IV ist eine Teilvorrichtung für Elektromotorteile abgebildet. *a* (Fig. 7) zeigt ein Ständerblech, *b* ein Läuferblech. Die Bleche werden auf der Drehbank weiterbearbeitet.

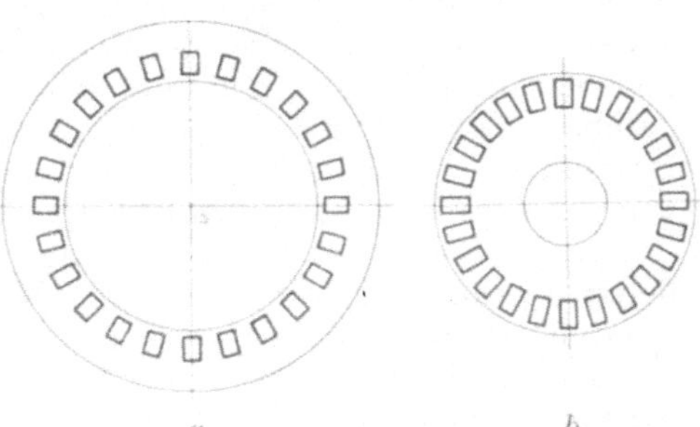

Fig. 7a÷b. Beispiele aus der Elektrotechnik.

In den bisherigen Beispielen sind nur gerade, parallel zur Achse liegende Nuten gezeigt. Jedoch auch das Räumen gewundener Nuten und Formlöcher ist möglich und sehr zu empfehlen. Die Anwendung der Drallnuten für Schiebeverbindungen ist durch das Räumverfahren sehr gefördert worden. Die Bearbeitung nach altem Verfahren war sehr umständlich und zeitraubend; sie geschah meist auf der Drehbank. Für die Herstellung größerer Mengen drallgenuteter Löcher wurde auch die sogenannte Schmiernutenziehmaschine verwendet. Teile größeren Ausmaßes konnten auf einer anderen Sondermaschine gefräst werden, jedoch war es um die Genauigkeit dieser Arbeitsverfahren schlecht bestellt. Hauptsächlich aus diesem Grunde wurde die Anwendung drallförmiger Nuten in Bohrungen vermieden. Für diese Art Arbeiten ist nun das Räumen wie geschaffen. Wenn auch nicht verkannt werden soll, daß die Herstellung von Drallnadeln kostspielig ist, so muß doch andererseits wieder die unbedingte Genauigkeit und die Gleichheit der geräumten Bohrungen untereinander in Rechnung gestellt werden. Gleichheit und damit Austauschbarkeit ist aber die erste Forderung moderner Fertigung. Auch die Ersparnisse an Arbeitszeit gegenüber den alten Arbeitsverfahren sind ganz bedeutend: es ist nicht als Ausnahme anzusehen, wenn für das Räumen einer mit Drallnuten versehenen Büchse nur der zwanzigste Teil der Zeit des alten Verfahrens aufgewendet zu werden braucht, und oft sind die Zeiten noch viel günstiger. In Fig. 8 ist ein Arbeitsstück mit Drallbohrung dargestellt. Die Vorarbeit beschränkt sich wieder auf Vorschruppen der äußeren Form und auf Fertigdrehen der Bohrung; zugleich ist die eine Seite planzudrehen. Für das Drallräumen ist eine einfache Vorrichtung erforderlich, die im Abschnitt IV näher erläutert und bezeichnet ist. Besonders große Genauigkeit der Bohrung wird hier erreicht, wenn man die Nadel zweimal durchlaufen läßt, wodurch etwaige Teilungsfehler der Nadel ausgeglichen werden.

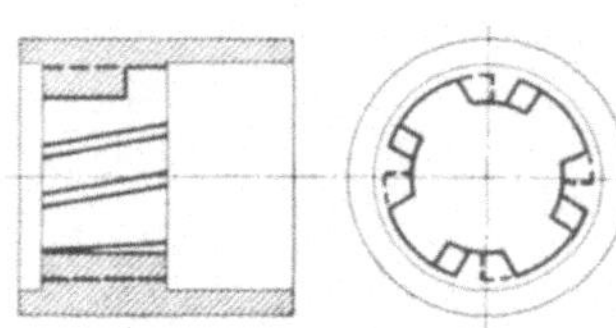

Fig. 8.

**3. Bearbeitungszeiten.** Nachstehend sind einige Zeitangaben gemacht, die die Leistungsfähigkeit des Räumverfahrens zeigen sollen.

Von dem Kulissenhebel *d* (Fig. 3), dessen rechteckige Löcher $150 \times 100$ mm messen, sind 25 Stück in der Stunde geräumt worden. Die Länge des Loches beträgt, da jedesmal 2 Stück aufeinandergelegt werden, $25 \times 2 = 50$ mm. Die Bearbeitung durch Stoßen beträgt für den Hebel 20 min, so daß eine große Ersparnis zu verzeichnen ist. Auch muß noch beachtet werden, daß beim Stoßen mit Feile nachgearbeitet werden muß, denn beim Zurückholen des Stoßstahles wird oft die eben bearbeitete Fläche wieder beschädigt; zum mindesten muß der sich bildende Grat entfernt werden. Beim Räumen dagegen kommt das Werkstück fix und fertig von der Maschine und bedarf keinerlei Nacharbeit durch Feilen oder Schleifen.

Die Leistung bei der Bearbeitung von Kardangabeln beträgt bei abgerundetem Vierkantloch von $40 \times 50$ mm bei einer Lochlänge von 140 mm unter Verwendung zweier Nadeln 18 Stück stündlich.

Keilnuten werden mit einer Räumnadel gezogen. Die Leistungen sind hierbei ganz bedeutend. Es ist keine Seltenheit, wenn in einer Stunde 300 Stück Gußräder bei einem Bohrungsdurchmesser von 32 mm und einer Länge von 45 mm mit Nuten von 8 mm Breite und 2,5 mm Tiefe versehen werden.

Das Schneideisen *c* (Fig. 5) ist in 3 min unter Verwendung einer einfachen Räumnadel in einer Teilvorrichtung hergestellt. Die frühere Bearbeitung erforderte ungefähr eine Stunde. Mit einer Formräumnadel läßt dieses Schneideisen sich bereits in 1 min räumen, wobei noch die Teilvorrichtung fortfällt.

Pleuelstangen für Automobilmotoren sind ein besonders guter Artikel fürs Räumen. Es werden auf einer Maschine in 9stündiger Schicht 400 Stück geräumt, wobei zugleich beide Bohrungen fertiggestellt werden.

Der Kompressorkolben Fig. 9 wird mit 3 Nadeln bearbeitet. Dabei ist die Abmessung des Schlitzes 60×26 mm Fertigmaß. Das Loch ist vorgegossen. Es müssen auf jeder Seite des Loches 3 mm Werkstoff entfernt werden. Mit der ersten Nadel wird das Loch auf 59,5×21 mm geräumt; der zweite Zug erweitert das Loch nach der anderen Rechteckseite auf 59,5×25,5 mm; die dritte Nadel dient zum Säubern der Bohrung an allen vier Seiten, und zwar wechseln die Schneidzähne, so daß einmal die kurze und das andere Mal die lange Rechteckseite bearbeitet wird. Die Bohrung ist nach dem Durchlaufen dieser Nadel auf 60×26 mm Fertigmaß gebracht. Auf diese Weise werden in der Stunde 10 Stück Kolben geräumt, zu denen man nach dem alten Arbeitsverfahren durch Stoßen und Feilen 10 Stunden brauchte.

Fig. 9. Kompressorkolben.

## II. Die Räumnadelziehmaschinen.

Die Räumnadelziehmaschinen haben sich im Laufe der Zeit zu ganz modernen Werkzeugmaschinen entwickelt. Es gibt verschiedene Ausführungen, die sich aber im wesentlichen nicht sehr unterscheiden. Je nach Auffassung des Erbauers wird die Hauptbewegung des Ziehschlittens durch Zahnstange oder Schraubenspindel erzwungen. Der Ziehschlitten ist zur Aufnahme der Räumnadel eingerichtet; die Nadel wird teils durch Querkeil, teils durch Klemmbacken mitgenommen. Am Ziehschlitten selbst sind verstellbare Anschläge angeordnet, die die Maschine nach durchlaufenem Arbeitshub ausrücken. Verschiedene Maschinen sind mit Sicherung gegen ungewollten Rücklauf des Ziehschlittens versehen: solange die Räumnadel in der Maschine befestigt ist, kann der Rücklaufhebel nicht umgelenkt werden. Eine Beschädigung der Räumnadel ist somit ausgeschlossen. Ist die Räumnadel aus der Maschine entfernt, so kann der Ziehschlitten zurücklaufen, meist mit der dreifachen Geschwindigkeit des Arbeitshubes.

Die Arbeitsgeschwindigkeit ist normalerweise 1 m/min, so daß die meisten Maschinen nur mit dieser arbeiten können. Einige Ziehmaschinen sind für mehrere Ziehgeschwindigkeiten eingerichtet, teilweise bis zu 3 m/min. Diese hohe Geschwindigkeit kommt jedoch nur selten in Frage.

Die Ausbildung der Kopfplatte, gegen die das Werkstück während des Arbeitshubes gelegt wird, ist verschieden ausgeführt. In der Hauptsache ist sie so eingerichtet, daß Dorne zum Keilnutenziehen und auch andere Vorrichtungen aufgenommen werden können. Für besonders schwere Werkstücke hat sich auch die Verwendung eines besonderen Aufnahmetisches bewährt.

Eine Kühlölpumpe sorgt während des Arbeitshubes für Zuführung von Kühlöl zum Werkstück. Das Öl läuft in einer Leitung bis zur Kopfplatte der Maschine, wo es durch einfachen Hahn an- und abgestellt werden kann.

Wenn die Räumnadel durchgelaufen ist, so werden durch Aufschlagen der Nadel auf einen Holzklotz die Späne entfernt. Besser ist die Reinigung durch grobe Handbürste. Es ist sehr wichtig, die Späne restlos zu entfernen, da die Spankammern der Räumnadel gewöhnlich so berechnet sind, daß sie gerade die abfallenden Späne eines Zuges aufnehmen können. Wenn aber mit einer Räumnadel, deren Spankammern nicht völlig gereinigt sind, noch ein Werkstück geräumt wird, so kommt es häufig vor, daß Zähne der Nadel beschädigt werden. Die Nadel wird entweder durch Querkeil oder Klemmbacken befestigt. Fig. 10 zeigt die Anordnung der Mitnahme durch Keil. Der Ziehschlitten *f* hat eine Aussparung zur Aufnahme der Büchse *e*, die durch den geteilten Ring *g* in der Zugrichtung gehalten wird. Die Schraube *h* verhindert beim Einführen der Nadel *a* ein Durchstoßen der Büchse. Nachdem die Nadel *a* durch das Werkstück *b* gesteckt ist, wird sie durch Einstecken des Keiles *d* befestigt: der Zug kann beginnen. Diese Befestigung durch Querkeil ist einfach, sie hat aber den Nachteil, daß die Verbindung von Werkzeug und Maschine nach dem beendeten Arbeitshub nicht selbsttätig gelöst wird.

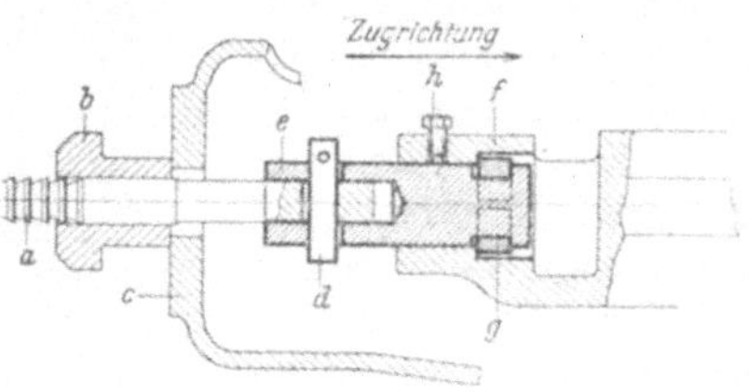

Fig. 10. Räumnadelbefestigung durch Querkeil.

Bei der Mitnahme der Räumnadel durch Klemmbacken ist die Bedienung der Maschine einfacher. Die Nadel wird hier in der Anfangsstellung des Ziehschlittens nur in den Klemmbackenschlitz gesteckt, worauf die Räumnadel selbsttätig gefaßt wird. *a* (Fig. 11) zeigt die Anfangsstellung des Ziehschlittens im Längsschnitt; *c* gibt die Endstellung an; *b* zeigt im Wagerechtschnitt die Klemmstellung der Backen mit der festgehaltenen Nadel; *e* ist die Ansicht des Ziehschlittens in der Auslösestellung von oben, während in *d* der Querschnitt durch die Klemmbacken gezeigt ist. Aus diesem Schnitt *B—B* ist zu ersehen, wie der Ziehschlitten 2 im Maschinenkörper (der hier strichpunktiert ist) geführt wird. Die Aussparung 3 im Ziehschlittenkopf dient als Gehäuse der 2 Klemmbacken 5, die ihrerseits um die Drehbolzen 6 schwenkbar gelagert sind. Um den Arbeitsdruck nicht auf die Bolzen 6 zu übertragen, hat man für jede Backe eine Pfanne 4 angeordnet, die den Druck aufnimmt. Die Klemmbacken 5 haben außer den Drehbolzen 6 noch Steuerbolzen 7, die in Steuerschlitze 16 eines Steuerschiebers 10 eingreifen, der wiederum durch den Hebel 12 gesteuert wird. Der um den Drehbolzen 11 schwingende Hebel 12 wird durch den unter Druck der Feder 14 stehenden Bolzen 13 in der Anfangsstellung des Ziehschlittens bewegt, und schließt stets die Klemmbacken. Wird die mit gegen-

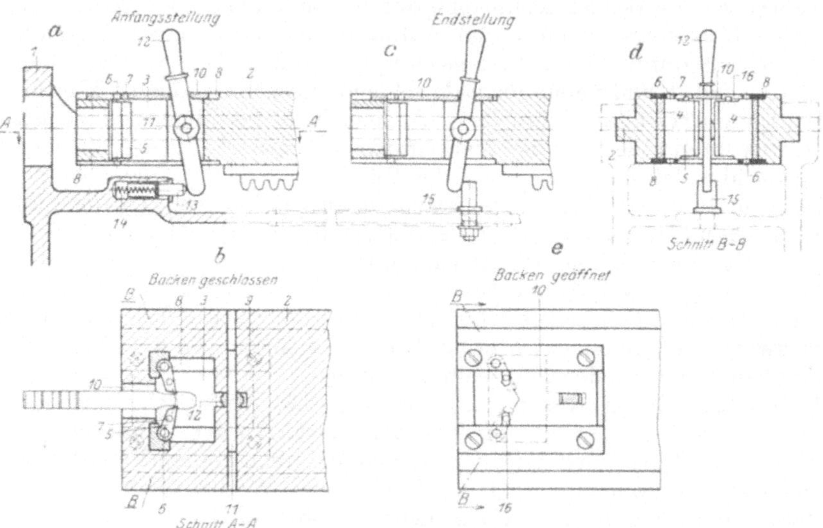

Fig. 11. Räumnadelbefestigung durch Klemmbacken.

überliegenden seitlichen Aussparungen versehene Räumnadel in den Klemmbackenschlitz gesteckt, so werden die Klemmbacken und mit ihnen der Steuerschieber 10 samt dem Hebel 12 zurückgedrückt. Sobald die seitlichen Aussparungen der Räumnadel weit genug eingeführt sind, schnappt der unter Federdruck stehende Steuerschieber zurück, und die Nadel ist befestigt: der Zug kann beginnen. Nach vollendetem Arbeitshub stößt das eine Ende des Steuerhebels an den verstellbaren Bolzen 15 und bewegt hierdurch den Steuerschieber und somit die Klemmbacken. Die Nadel ist frei und kann herausgenommen werden.

Eine Räummaschine ist in Fig. 12 dargestellt. Es handelt sich hier um eine Maschine mit Einzelantrieb der Weißeritztalwerke. Am Kopfende sind die Kühlölrohre zu sehen. Der Ziehschlitten mit seinen verschiedenen Anschlägen wird hier durch innenliegende Zahnstange bewegt. Um auch den Schlitten von Hand bewegen zu können, ist das rechts sichtbare Handrad angebracht. Dieses kommt in Frage, wenn man beispielsweise nachsehen will, ob die Zähne der Räumnadel schon gefaßt haben, oder wenn der Aufnahmedorn ausgestoßen werden soll. Das Kopfstück der Maschine ist hier mit einer kegeligen Bohrung versehen, in die die Aufnahmedorne oder -büchsen lose hineingesteckt werden. Durch den beim Räumen auftretenden Schnittdruck werden diese Aufnahmen fest in die Bohrung hineingezogen. Beim Auswechseln des Dornes gegen einen anderen wird der Ziehschlitten durch das Handrad über seine Anfangsstellung hinausbewegt, wodurch die Verbindung des Dornes mit der Maschine gelöst wird. Die Buchstaben *A* und *R* beim Anstellhebel bedeuten Arbeitsgang bzw. Rücklauf. Beim Einlegen des Hebels nach *A* zieht die Maschine die Räumnadel. Bevor nun die Nadel nicht entfernt ist, kann der Hebel nicht auf Rücklauf gestellt werden. Der Tisch ist verstellbar und dient zur Aufnahme schwerer Werkstücke und Vorrichtungen.

Fig. 12. Räumnadelziehmaschine.

Räumnadelziehmaschinen werden in den verschiedensten Größen je nach den gestellten Anforderungen gebaut. Normalerweise ist der größte Nadelhub 1000 mm. Jedoch sind auch Maschinen für Räumnadeln bis 1600 mm Länge auf dem Markte. Der Leistungsverbrauch der Maschine ist je nach Größe 3—12 P. S.

## III. Richtlinien für das Arbeitsstück.

Die Löcher, die mittels Räumnadel bearbeitet werden sollen, müssen Durchgangslöcher sein.

**1. Werkstoffe.** Für die Bearbeitung durch Räumnadel eignen sich alle Werkstoffe, die auch sonst durch Spanabheben ihre Form erhalten. Auch hier müssen aber die einzelnen Werkstoffe gesondert behandelt werden, genau wie bei der Bearbeitung durch Drehen oder Bohren. Die Konstruktion der Nadel hat bei der

Wahl der Schneidwinkel auf die mechanischen Eigenschaften, ganz besonders auf die Festigkeit und Dehnung Rücksicht zu nehmen.

Die Werkstoffe selbst, möge es nun harter oder weicher Guß, zäher oder spröder Stahl sein, müssen durchaus gleichmäßig sein, d. h. die chemische Zusammensetzung und das Gefüge müssen an allen Stellen des Werkstückes gleich sein. Besonders bei weichem Stahl zeigen sich leicht Ungleichheiten, die dann bei der Bearbeitung durch Abquetschen des Werkstoffes plötzlich hervorgetreten. Im Abschnitt VIII ist ein Werkstück mit einem solchen Fehler gezeigt. Unter Hunderten dieser Bohrungen mit vier Nuten erscheint mit einem Male eine mit einer derartigen Abquetschung, woraus auf einen Werkstoffehler zu schließen war. An dem Bild (Fig. 111) ist deutlich zu erkennen, wie der Werkstoffstahl von 40÷50 kg Festigkeit und 32vH. Dehnung beiseite gedrückt und dann mit herausgerissen worden ist. Allgemein läßt sich sagen, daß etwas spröder Stahl besser zu bearbeiten ist als zäher, der auch Neigung zum „Haken" zeigt[1]).

Bei vergütetem Stahl ist besondere Vorsicht geboten. Es ist von Vorteil, wenn der beim Glühen oder Vergüten sich ansetzende Zunder durch Sandstrahlen oder Beizen der Werkstücke entfernt wird. Zunder beschädigt die Nadel und macht sie vorschnell stumpf. Selbstverständlich müssen Säurereste durch Nachwaschen der Werkstücke in Wasser oder Sodalauge entfernt werden, damit die Schneidfähigkeit der Nadel nicht leidet. Auch bei Gußhaut empfiehlt sich die Behandlung durch Sandstrahl und Beize, da besonders die eingeschlossenen Sandkörnchen eine verheerende Wirkung auf die Schneiden der Nadel ausüben. Harte Stellen im Guß entfernt man mit Meißel oder auf andere Art, da diese ebenfalls die Nadel beschädigen und unbrauchbar machen könnten. Besser ist es, die Gußhaut durch mechanische Bearbeitung, sei es durch Vordrehen oder Vorbohren, zu entfernen, und dann erst zu räumen.

Als Kühlmittel kommt beim Bearbeiten von Stahl entweder Fischtran oder Specköl in Betracht. Das sogenannte Automatenöl ist zu dünnflüssig und daher ungeeignet. Sind Werkstücke aus Hartguß zu räumen, so benutzt man Terpentinöl. Bei Bearbeitung von Aluminium ist es vorteilhaft, mit Petroleum zu räumen, wenn man es nicht vorzieht, die Räumnadel trocken laufen zu lassen, da bei dem weichen Werkstoff keine Bedenken vorliegen, daß die Nadel beschädigt werden könnte. Bei Bronze und ähnlichen spröden Werkstoffen ist es angebracht, die Räumnadel nicht zu kühlen, denn die bröckeligen Späne bleiben durch Öl kleben und erschweren die Reinigung der Nadel, die nach jedem Zug vorgenommen werden muß.

**2. Die Konstruktion der Werkstücke.** Hier sind die bei der Ausbildung der Arbeitsstücke allgemein gültigen Regeln zu beachten. Vor allem ist für ausreichende Gleichmäßigkeit der Wandstärken zu sorgen. Wird z. B. ein Werkstück mit ungleichen Wänden, die obendrein noch besonders dünn sind, geräumt, so drückt die schwächere Wand sich beiseite und federt nach dem Durchlaufen der Räumnadel wieder in die alte Stellung zurück. Die Folge davon ist, daß die Bohrung an der Stelle, wo die dünne Wand ist, eng wird und von der Kontrolle zurückgewiesen wird, weil der Lehrdorn nicht paßt. *a* (Fig. 13) zeigt ein falsch aufgebautes Werkstück; die punktierten Linien geben übertrieben gezeigt die Rückfederung des Wandteiles an. Die Ausführung nach *b* ist besser, denn sie ergibt nach dem Räumen die angeführten Mißstände

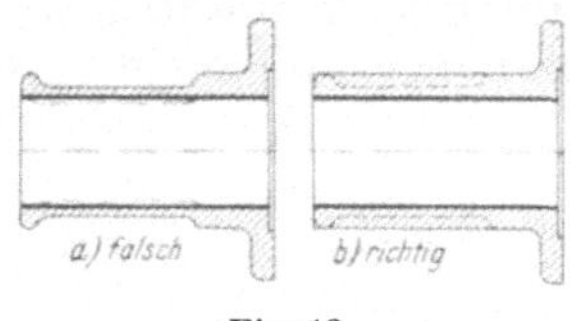

Fig. 13.

[1]) Ähnlich ist es bei anderen Bearbeitungsverfahren, z. B. Gewindeschneiden.

nicht. Wenn bei Konstruktionen die Wandstärken nicht geändert werden dürfen, so ist ein Ausweg meist dadurch möglich, daß die schwache Stelle erst nach dem Räumen bearbeitet wird. Bei gegossenen Teilen ist es oft nicht zu umgehen, daß Bohrungen mit einer schwachen Stelle geräumt werden. Man kann sich dann dadurch helfen, daß die Nadel noch ein zweites Mal durchgezogen wird. Immer führt dieses Verfahren jedoch nicht zum gewünschten Ergebnis.

Bei der Ausbildung des Formloches sind scharfe Ecken zu vermeiden. Schon eine ganz geringe Abrundung an der gefährlichen Stelle wirkt gut und stört in den seltensten Fällen. In Fig. 14 ist z. B. ein Viernutenloch dargestellt. Die scharfe Ausbildung des Nutengrundes ist der Anfertigung der Räumnadel sehr hinderlich. Wenn beim Härten nicht ganz sorgfältig verfahren wird, verbrennen die scharfen Ecken der Zähne und machen die Nadel unbrauchbar. Auch für die Arbeit der Nadel ist es nicht von Vorteil, wenn die Ecken scharf sind. Schließlich kann bei der Weiterbearbeitung (Außendrehen) durch Kerbwirkung der scharfen Ecke der Klemmdruck des Drehdornes die schwache Wand zersprengen, wie die Bruchlinien in Fig. 14 andeuten.

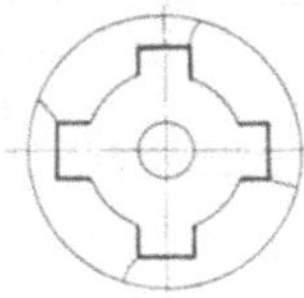
Fig. 14.

Im allgemeinen ergibt sich eine schwache Abrundung der Ecken von selbst, nur bei ausgesprochenen Nuten- und Flachnadeln ist das Augenmerk hierauf zu richten.

**3. Bearbeitungszustand der Werkstücke.** Die Vorbearbeitung eines zu räumenden Werkstückes ist bei den im Abschnitt I angeführten Beispielen bereits kurz angegeben. Sie erstreckt sich in der Hauptsache auf die Schaffung einer zur Bohrung rechtwinklig stehenden Fläche, die als Anlage beim Räumen benutzt werden muß. In den meisten Fällen ergibt sich eine derartige Fläche von selbst. Beim Ausbohren eines längeren Loches mit dem Drehstahl wird ohnehin schon die Stirnseite mit plangedreht. Sie „läuft" also mit der Bohrung. Auch bei der Bearbeitung auf der Bohrmaschine ist es einfach, die nach oben stehende Fläche mit dem Zapfensenker abzuflachen. Dabei kommt es auf die Sauberkeit der erzeugten Oberfläche nicht an, denn bei der Fertigbearbeitung des Werkstückes kann ja nach dem Räumen diese eine Seite nochmals saubergeschlichtet werden. Die senkrechte Anlagefläche muß vorhanden sein, da sonst das anstandslose Durchziehen der Räumnadel nicht gewährleistet ist. Fig. 15 zeigt, um was es sich dabei handelt. Sie gibt der Deutlichkeit halber den $\measuredangle\alpha$ stark übertrieben; in Wirklichkeit genügt schon eine Größe von weniger als $^1/_4{}^0$, um die ungünstige Wirkung zutage treten zu lassen. Dies rührt daher, daß die Nadel das Bestreben hat, immer senkrecht zur Anlagefläche bei geneigter Lochachse zu laufen. Durch den auftretenden einseitigen Druck, hervorgerufen durch die Beanspruchung der Zähne sowohl bei $a$, wie bei $b$, wird die Nadel auf Biegung beansprucht. Dadurch kann sie krumm werden, immer aber wird das Arbeitsstück Ausschuß sein. Im Abschnitt VIII ist hierzu noch eine nähere Erklärung gegeben.

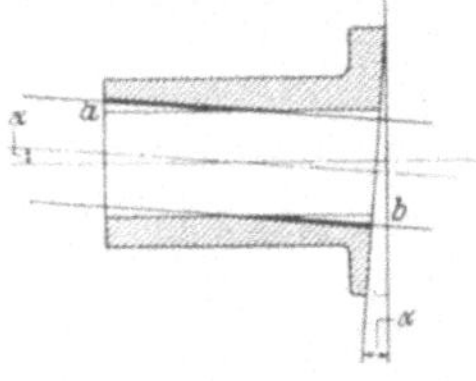

Fig. 15.

Derselbe Fall tritt auch ein, wenn die Bohrung bei der Vorbearbeitung zu groß gedreht wird, und zwar in der Hauptsache bei Form- und Nutennadeln. Im Abschnitt VIII ist ein solches Werkstück gezeigt (Fig. 115 und 116). Es ist deutlich zu sehen, wie die Nadel nach der einen Seite hin abgewandert ist, bis sie festsaß. Um die Nadel zu retten, mußte der Kegelradrohling zersägt werden. Man tut also gut, die zu groß gebohrten Werkstücke vom Räumen auszuschließen, damit die Räumnadel nicht unnötig in Gefahr gebracht wird. Tritt bei einem zu groß gebohrten Loch dieser eben beschriebene Fall nicht ein, so ist sehr wahrscheinlich, daß die Form einseitig eingeräumt wird. Es gibt dann, wie in Fig. 16 übertrieben gezeigt, unbrauchbare Formen. Zwar kann hier etwas Abhilfe geschaffen werden, wenn man die Nadel ein zweites Mal durchlaufen läßt, aber das kann nur auf Kosten der Genauigkeit geschehen.

Andererseits darf das Werkstück doch auch nicht zu stramm auf die Führung der Räumnadel passen, weil hierdurch ein Festfahren der Räumnadel begünstigt wird. Ständig muß der erste Zahn der Nadel bereits in die Bohrung hineingehen, da sonst während des Befestigungsvorganges das Werkstück verdreht und dadurch Ausschuß entstehen, unter ungünstigen Umständen auch die Räumnadel verdorben werden kann.

Ein Werkstück fertig zu bearbeiten und dann erst zu räumen ist ein sehr zweifelhaftes Verfahren. Wenn auch in vielen Fällen durch saubere Aufnahme des Werkstückes für gute Zentrierung gesorgt ist, so wird doch in den weitaus meisten Fällen wieder ein geringer „Schlag" auftreten, der nicht überall zulässig ist. Es sei hier nur an Getrieberäder erinnert, die dann unruhigen Gang ergeben würden. Entschieden vorteilhafter ist es deshalb, die Werkstücke erst nach dem Räumen fertig zu bearbeiten, weil dann die maßhaltige Bohrung als Aufnahme und zu weiteren Messungen benutzt werden kann. Der etwa vorhandene „Schlag" wird dann durch die nachträgliche Bearbeitung entfernt.

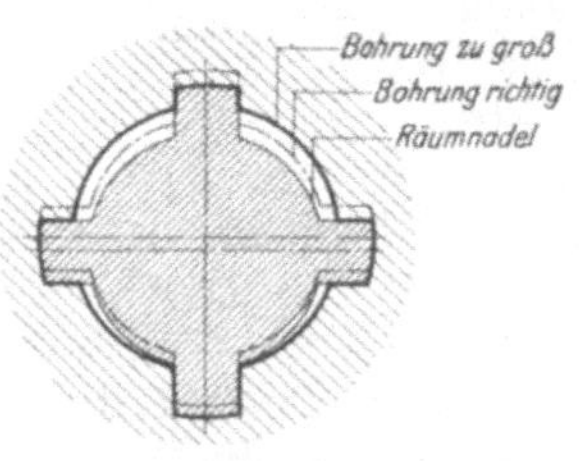

Fig. 16.

Sind Aussparungen in der Bohrung vorgesehen, so ist darauf zu achten, daß sie vor dem Räumen da sind. In den meisten Fällen werden die Räumnadeln so ausgebildet, besonders bei langen Löchern mit Aussparungen, daß die Spankammern einen aus zwei „Locken" bestehenden Span aufnehmen können. Wird nun die Aussparung nicht mit vorgearbeitet, so bildet sich ein einziger, bedeutend längerer Span und verstopft die Spankammer. Die Folge davon ist vergrößerte Reibung beim Räumen und unter Umständen Hängenbleiben der Räummaschine.

Das bereits weiter oben angeführte nochmalige Durchlaufenlassen der Räumnadel besonders bei Werkstücken mit dünnen, unterschiedlichen Wänden ist auch dann zu empfehlen, wenn das Werkstück sehr lang ist. Beim Räumen langer Löcher treten Spannungen des Werkstoffes hervor, deren Wirkung auf diese Weise etwas ausgeglichen werden kann. Praktisch wird dabei so verfahren, daß auf der Räumnadel eine Markierung angebracht wird, die die Stellung des Werkstückes beim ersten Arbeitshub etwa durch Kreidestrich angibt. Umschlagen des Werkstückes bei symmetrischem Formloch um 180° entfernt die durch Werkstoffspannungen entstandene Veränderung der Bohrung beim nochmaligen Arbeitshub.

Werkstücke, aus denen viel Werkstoff entfernt werden muß, können auf einer automatischen Stoßmaschine vorgestoßen werden. Sie werden dann mit nur einer Räumnadel fertiggezogen. Vorstoßen auf nichtselbsttätigen Maschinen wird meist zu ungleichmäßig, so daß die Nadel gefährdet wird.

## IV. Räumvorrichtungen.

Vorrichtungen im eigentlichen Sinne sind für das Räumen nicht nötig. Es handelt sich hier vielmehr um einfache Vorlagen und Aufnahmedorne. Eine Befestigung des Werkstückes durch Schrauben oder ähnliche Spannelemente, wie beispielsweise an einer Fräsvorrichtung, ist nicht notwendig. Die eigentliche Anpressung des Werkstückes geschieht während des Arbeitsvorganges durch den Schnittdruck. Von den Vorrichtungen wird verlangt, daß sie dem Arbeitsstück als Gegenhalt dienen. Ihre Aufgabe ist, der senkrecht zur Bohrung stehenden Fläche als Anlage zu dienen. Beim Nutenräumen werden ganz einfache Aufnahmedorne benutzt, auf die das Werkstück mit der zu nutenden Bohrung aufgesteckt wird. Für die Herstellung der Drallnuten dagegen sind eigentliche Vorrichtungen erforderlich: sie haben Kugellager und drehen das Arbeitsstück.

Die Vorrichtungen zum Räumen werden eingeteilt in:

1. Aufnahmedorne zum Räumen gerader Nuten,
2. Vorlagen zum Räumen gerader Formlöcher, und
3. Drallvorlagen zum Räumen gewundener Formlöcher.

**1. Die Aufnahmedorne.** Die Aufnahmedorne finden in der Hauptsache beim Räumen von Keilnuten Verwendung. Dazu muß die Maschine ausgebildet sein. Das Gegenlager der Maschine hat eine auswechselbare, geschlitzte Klemmbüchse, in die der jeweilige Dorn genau paßt. Der Dorn selbst hat einen Längsschlitz, der beim Räumen die Nadel führt und aufnimmt.

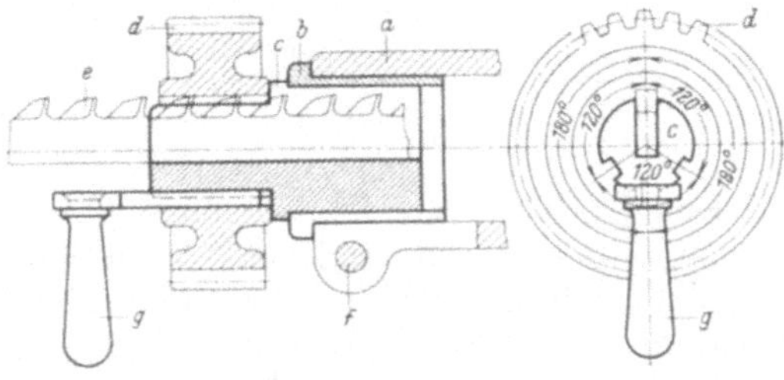

Fig. 17.

In Fig. 17 ist ein derartiger Aufnahmedorn dargestellt. Das Maschinenende *a* — auch Gegenhalter genannt — ist durch einen Klemmbolzen *f* zur Aufnahme der ebenfalls geschlitzten Stahlbüchse *b* eingerichtet. Diese ist gehärtet und innen sauber geschliffen; ihre Bohrung dient zur Aufnahme des Dornes *c*, der durch Zusammenschrauben des Klemmbolzens *f* festgehalten wird. Der Dorn ist mit einer Nute *e* versehen, die die Räumnadel während des Arbeitsganges aufnimmt. Die Räumnadel paßt mit ihrem Rücken saugend in den Schlitz des Dornes und wird dadurch gut geführt; Abdrücken der Nadel ist deshalb ausgeschlossen. Das Werkstück *d* paßt seinerseits wieder genau auf den Dorn *c* und wird beim Arbeitsgang von der auftretenden Zerspanungskraft gegen den Bund des Aufnahmedornes gezogen, wo es dann unverrückbar festsitzt. Da eine seitliche Beanspruchung nicht auftritt, ist es überflüssig, das Werkstück gegen Verdrehen zu sichern. Für jeden Bohrungsdurchmesser ist ein anderer Dorn zu verwenden.

Jeder Dorn läßt in der Regel die Anwendung nur einer Nadel zu. In vielen Fällen wird aber für die Bohrung noch eine zweite Keilnute gefordert. Durch eine einfache Änderung kann der Dorn auch zum Räumen zweier oder mehrerer Nuten eingerichtet werden. In Fig. 17 ist diese Änderung angegeben. Dem Schlitz für die Nadelführung gegenüber liegt eine eingefräste Nute. Ist nun die erste Nute in das Arbeitsstück eingeräumt, so wird dieses um 180° gedreht, bis die Nute des Werkstückes und die Nute des Dornes sich decken. Durch Einschieben einer Paßfeder, die mit einem Handgriff *g* versehen ist, wird ein weiteres Drehen verhindert. Die zweite Keilnute kann nun geräumt werden. Die Teilung des Dornes muß genau ausgeführt sein, wenn die Werkstücke genau sein sollen. Eine entsprechende Anordnung läßt sich natürlich für Drei- und Viernutenbohrungen verwenden, indem die Teilnuten unter 120° bzw. 90° eingefräst werden. Die Vorrichtung hat sich sehr gut bewährt, und wer nur kleinere Reihen zu bearbeiten hat, kann so recht gute Erfolge erzielen. Dagegen ist für große Reihen und Massenfertigung die Verwendung von Vier-, Drei- und Zweinutennadeln wirtschaftlicher.

Um nun auch verschiedene Bohrungsdurchmesser auf einem Dorn bearbeiten zu können, hat man der Anschaffungs- und Unterhaltungskosten wegen eine andere Einrichtung geschaffen. Man ist auf den in Fig. 18 gezeigten Ausweg gekommen. Da für eine Reihe von Bohrungen stets ein und dieselbe Keilnutenbreite und Tiefe angewendet werden muß, z. B. nach DIN 269 für die Wellendurchmesser 44 bis 50 mm eine Keilbreite von 14 mm und eine Nabennutentiefe von 4,2 mm, so hat man unter Anlehnung an DIN die Aufnahmedorne so genormt, daß für jede Bohrungsreihe mit gleichen Nutabmessungen 1 Dorn bestimmt ist, dessen Durchmesser gleich der kleinsten Bohrung der Reihe ist. Jeder dieser Dorne $c$ (Fig. 18) hat nun gegenüber dem Räumnadelschlitz eine schräge Fläche ausgearbeitet. Wird nun ein in die betreffende Durchmesserreihe gehöriges Werkstück auf den Dorn gesteckt, so läßt es den Durchmesserunterschied $D - d = z$ frei. In diesen Zwischenraum zwischen der Schrägen am Dorn und der Buchse wird nun ein Keil $g$ mit an einer Seite gerader Bahn eingesteckt und mit dem Handballen etwas festgeschlagen. „Ecken" kann der Keil nicht, weil die beiden aufeinanderliegenden schrägen Flächen verhältnismäßig breit sind (s. Schnitt $A - A$). Nach leichtem Festschlagen kann der Räumvorgang vor sich gehen. Dieses Verfahren ist trotz der geringen Keilnutenunterschiede genau genug, und wird überall angewendet.

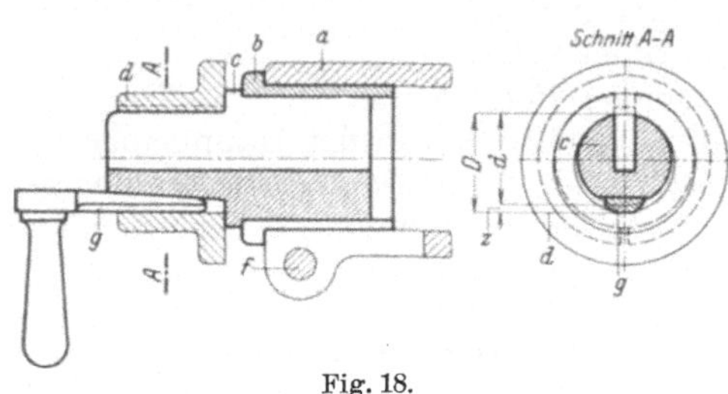

Fig. 18.

Kegelige Bohrungen werden beim Keilnutenräumen genau wie zylindrische behandelt. Die Forderung bei einem solchen Kegelloch ist meist, daß die Mantellinie des Kegels parallel zur Keilnute verläuft. Hierzu ist ein Aufnahmedorn nach Fig. 19 zu verwenden. Die Mittellinie des Kegels ist um den Winkel $\alpha$ geneigt. Der Räumnadelschlitz ist parallel zur Mantellinie eingearbeitet. Bei der Herstellung dieses Aufnahmedornes ist besonders auf guten Anriß der angedeuteten und mit $z$ bezeichneten Zentrierlöcher zu achten, da ja hiervon die Parallelität des Nutengrundes abhängt.

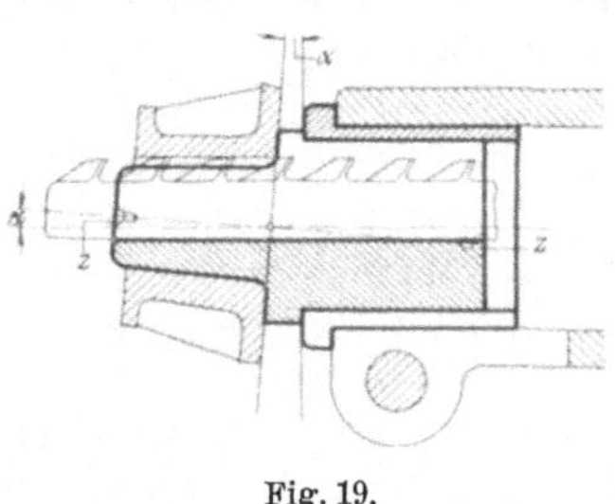

Fig. 19.

Ist dagegen die Forderung gestellt, die Nute parallel zur Mittellinie zu räumen, so bedarf es eines Aufnahmedornes nach Fig. 17, mit dem Unterschiede, daß an Stelle der zylindrischen eine kegelige Aufnahme tritt. Hierbei ist jedoch zu beachten, daß Bohrung und Dorn nicht zu viel Anzug haben, weil sonst die Nadel das Werkstück festzieht.

Für die Fälle, wo mit einmaligem Räumen der Nutentiefe wegen nicht auszukommen ist, kann derselbe Aufnahmedorn und auch dieselbe Nadel zu zwei- oder mehrmaligem Räumen verwendet werden. Dazu ist es notwendig, auf den Grund des Räumnadelführungschlitzes ein entsprechend starkes Paßstück zu legen, so daß beim zweiten Räumgang die Nadel höher heraussteht und dadurch die tiefere Nute erzeugt. Das Paßstüċß hat ein Nase, ähnlich den Nasenkeilen, die sich an dem Aufnahmedorn stößt und somit nicht durchgleitet.

**2. Vorlagen zum Räumen gerader Formlöcher.** Für die Bearbeitung der Formlöcher werden ganz einfache Vorlagen benutzt, die mit Schrauben am Gegenhalter der Maschine befestigt sind. Notwendig ist dabei die Anordnung einer Zentrierung, so daß Gegenhalter und Vorrichtung stetig ausgerichtet sind. Beim Zusammenbau ist besonders auf zwischenliegende Späne zu achten, wie überhaupt jeder Anlaß, der Schrägstehen der Vorrichtung verursacht, beseitigt werden muß. Die Vorrichtung muß genau rechtwinklig zur Zugrichtung liegen, und ist gegebenenfalls durch Wasserwage oder andere geeignete Instrumente daraufhin zu prüfen.

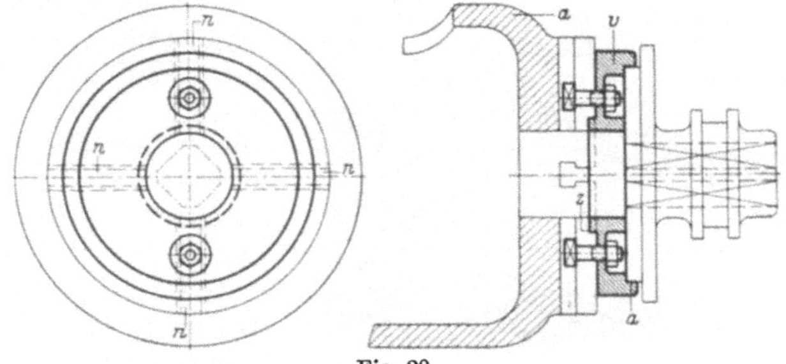

Fig. 20.

Eine Vorrichtung für bearbeitete Werkstücke ist in Fig. 20 dargestellt. Der Gegenhalter *a* der Maschine hat vier *T*-Nuten und die Eindrehung *z* zum Zentrieren der Vorlage *v*. *v* ist durch Schrauben an der Kopfplatte der Maschine befestigt. Das Werkstück wird auf die Räumnadel aufgesteckt und diese dann in der Maschine befestigt. Das Werkstück legt sich dabei durch die Zerspanungskraft gegen die Vorlage und wird im Bunde *a* zentriert. Besser ist, wie bereits früher betont, das Werkstück erst nach dem Räumen zu bearbeiten, denn es kann nie garantiert werden, daß es nach dem Räumen noch genau „läuft", zumal wenn es sich um Werkstücke handelt, deren Bohrung nach dem Räumen nochmals geschliffen wird und deshalb mit Schleifmaß gedreht ist. Durch Weglassen des Bundes *a* wird eine Vorrichtung geschaffen, die für alle Zwecke, bearbeitete oder unbearbeitete, kleine oder große Werkstücke, brauchbar ist. Besonders wichtig ist es, die Anlagefläche nicht zu groß zu wählen, weil sonst mit verhältnismäßig mehr Ungenauigkeit zu rechnen ist, als gewöhnlich. Die beste Anlagefläche ist immer die Stirnfläche einer normal ausgeführten Nabe. Sie kann schnell mit der Hand überstrichen werden, um anhaftende Späne zu entfernen.

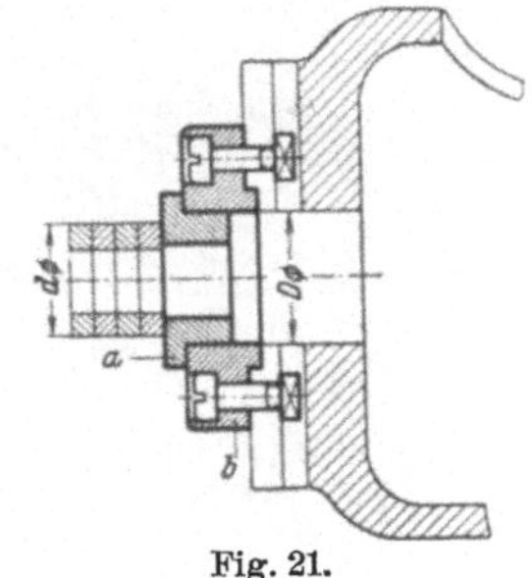

Fig. 21.

In Fig. 21 ist das Räumen mehrerer Werkstücke zugleich dargestellt. Der Außendurchmesser dieser Werkstücke *d* ist kleiner als der Durchmesser des Durchgangsloches *D*, das deshalb durch das hier angegebene Mittel verkleinert werden muß, wenn die Auswechslung der ganzen Vorlage unterbleiben soll. Es ist zu diesem Zweck eine Normalvorlage geschaffen, die für alle einfachen Arbeiten benutzt werden und deshalb immer auf der Maschine bleiben kann. Die Normalvorlage ist mit einer genauen Bohrung vom Durchmesser *D* versehen, in die bei Bedarf eine genau mit Gleitsitz passende Büchse *a* eingeschoben werden kann. Hierdurch wird das Austauschen der ganzen Vorlage gegen eine andere vermieden. Die Büchsen können in verschiedenen Abmessungen vorrätig gehalten werden.

Fig. 22. Räumen von Tretkurbeln.

In Fig. 22 ist eine Anschlagvorrichtung gezeigt. Das Werkstück wird wie üblich in der Vorlage aufgenommen. Es wird bei der Herstellung der hier abgebildeten Tretkurbeln ein und dieselbe

Stellung des Formloches verlangt, die mittels der leicht zu erkennenden Anschlagvorrichtung genau genug erreicht werden kann.

Fig. 23. Räumen eines Bolzenloches.

Eine Sondervorrichtung zum Räumen des Bolzenloches eines Gußkolbens ist in Fig. 23 dargestellt. Der runde Kolben muß in einem mit Klappdeckel versehenen Lager gehalten werden. Deckel und auch Lagerunterteil sind mit rechteckigen, durchgehenden Aussparungen versehen, damit die Räumnadeln hindurchgesteckt werden können. Die Bohrung des Lagers ist 0,2 mm kleiner gehalten als der Durchmesser des Klobens, so daß dieser beim Anziehen des Lagerdeckels mittels Knebelgriffes festgeklemmt wird. Diese Feststellung hat sich als notwendig erwiesen, da sonst das Loch des Kolbens beim Räumen nicht in die richtige Lage kommt, wenn im Werkstoff harte Stellen auftreten, die Abwandern der Nadel und somit Verrutschen des Kolbens verursachen würden. Die Benutzung eines Kühlmittels kommt nicht in Betracht, denn sonst würde die Vorrichtung sehr verschmiert werden.

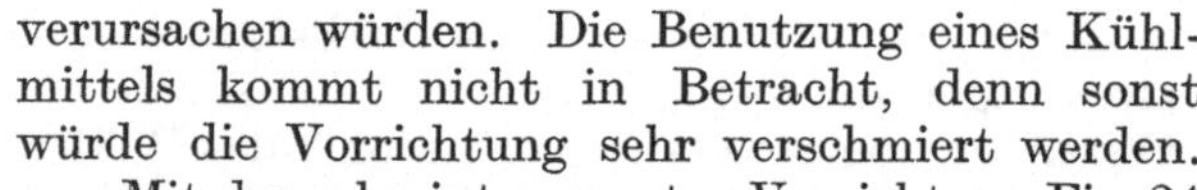

Fig. 24. Teilvorrichtung.

Mit der sehr interessanten Vorrichtung Fig. 24 können sowohl die Ständer als auch die Läufer von Elektromotoren geräumt werden, und zwar nach dem Teilverfahren. Die im Motorgehäuse bzw. im Anker befestigten Bleche haben eine bestimmte Zahl von Nuten zur Aufnahme der Kupferwicklung. Diese Nuten werden auf der Stanze hergestellt, und zwar mit einem bestimmten Untermaß. Nach dem Zusammenbau werden Gehäuse bzw. Anker auf die Teilvorrichtung genommen und die Wicklungsnuten Zug um Zug fertiggeräumt, indem nach Fertigstellung einer Nute durch Drehen an der Kurbel unter Lösen eines Stiftes das Werkstück um das bestimmte Maß weitergeteilt wird.

Die Vorrichtung Fig. 25 ermöglicht es, beide Enden der Pleuelstangen zugleich zu räumen. Die Leistung ist dadurch auf das Doppelte gesteigert worden. Es sind zwei Räumnadeln erforderlich, die je 1 mm auszuräumen haben, die eine aus der großen Bohrung von 48 mm ⌀ bei 45 mm Länge, die andere aus der kleinen von 28 mm ⌀ und 38 mm Länge. Die Vorrichtung ist so ausgeführt, daß 2 Pleuelstangen mit den ungleichen Enden eingespannt werden müssen, so daß also ein kleines Loch und ein großes Loch zu gleicher Zeit bearbeitet werden. Eine interessante Einrichtung ist dabei weiter getroffen: Um die Mittenentfernung der beiden Löcher genau einhalten zu können, war es notwendig, eine mitgehende Stütze $A$ anzuordnen. Es hat sich nämlich gezeigt, daß die Räumnadeln durch ihr Gewicht sonst nach unten abwandern, was sich durch einseitige Bohrungen bemerkbar macht.

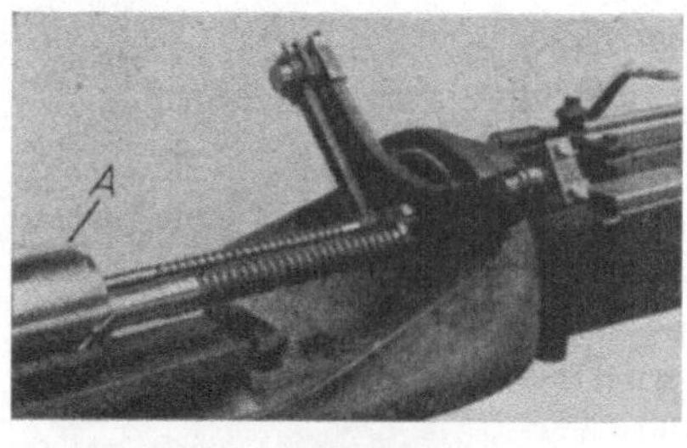


Fig. 25. Räumen von Pleuelstangen.

Diese mitgehende Führung gleitet frei auf einer besonderen Bahn und wird von der großen Räumnadel, die leicht darin eingeklemmt ist, mitgezogen. Die kleine Räumnadel dagegen liegt gut passend lose in der Führung. Kurz bevor der Zug beendet ist, wird die Verbindung zwischen Führung und Räumnadeln gelöst, so daß diese weiterlaufen können. Die Räumnadeln wurden vor Anwendung dieser Führung sehr schnell stumpf, so daß sie schlecht geräumte Löcher ergaben. Durch die Geradeführung wurde nicht nur die Lebensdauer der Nadeln erhöht, sondern auch die Herstellungsziffern verdoppelt.

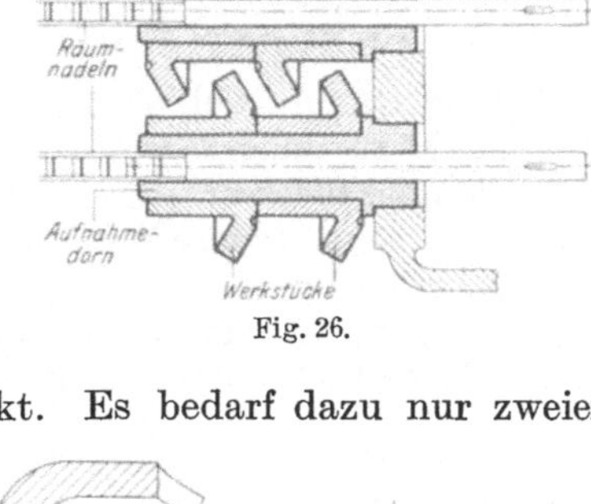

Fig. 26.

Auf diese Weise können z. B. auch 4 Stück Zahnräder usw. mit Keilnuten versehen werden, wenn man die Werkstücke nach Fig. 26 aufsteckt. Es bedarf dazu nur zweier gleicher Dorne.

Die Beispiele ließen sich beliebig vermehren. In der Hauptsache handelt es sich immer darum, eine feste Anlage zu schaffen, was mit allen Mitteln erreicht werden muß. Werkstücke, die die Anordnung einer senkrecht zur Bohrung stehenden Fläche nicht zulassen, müssen auf andere Art zur Anlage gebracht werden. In den meisten Fällen läßt sich das durch ein oder mehrere Widerlager erreichen.

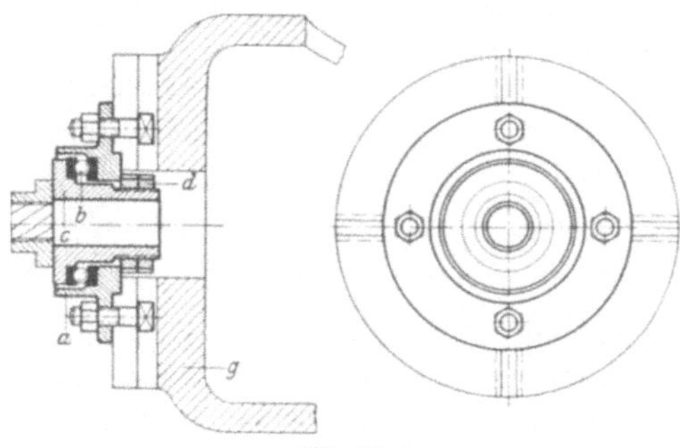

Fig. 27.

**3. Drallvorlagen für gewundene Formlöcher.** Drallvorrichtungen sind durch Zwischenschalten eines oder mehrerer Kugellager drehbar gemachte Räumvorlagen. Das Kugellager muß zur Aufnahme des axialen Druckes kräftig bemessen sein. Durch richtige Anordnung der Zähne wird beim Räumen die Drallvorlage bewegt, so wie die Steigung des Dralles es erfordert. Die Drallvorrichtungen müssen sehr sauber gehalten werden, damit das eingebaute Kugellager leicht drehbar bleibt. Oft ölen ist hier am Platze.

Fig. 28. Drallräumen.

Die Drallvorlage Fig. 27 trägt am Gegenhalter *g* ein sehr kräftig durchgebildetes Kugellagergehäuse *a*, in das das Kugellager selbst sehr gut hineinpaßt. Das Druckstück *c*, das dem Arbeitsstück als Anlage dient, ist durch 2 Ringmuttern *d* leicht drehbar befestigt. Vorteilhaft versieht man Vorlagen für Rechtsdrall mit Linksgewinde, Vorlagen für Linksdrall dagegen mit Rechtsgewinde, um dadurch ein Festsitzen des Druckstückes und damit meist Bruch der Nadel zu vermeiden.

Fig. 28 zeigt die Anwendung einer Drallvorrichtung und das Räumen von Drallnuten. Auf dem Maschinentisch sind verschiedene Arbeitsstücke zu sehen, ferner die zu dem „Satz“ gehörigen Räumnadeln.

Von weiteren Drallarbeiten, auch wichtigen, wie z. B. dem Räumen der Drallnuten in Pistolenläufen (das eine besondere Aufnahmevorrichtung erfordert) und dem Räumen von Schmiernuten sei hier abgesehen.

# V. Die Konstruktion der Räumnadeln.

## A. Allgemeiner Aufbau der Räumnadel.

Eine Räumnadel ist nur für die Form benutzbar, für die sie angefertigt ist; das Profil zu ändern oder verschiedene Formen mit ein und derselben Nadel herzustellen, ist nicht möglich. Bei Nutenziehmessern können zwar durch Unterlegen von Paßstücken tiefere Nuten geräumt werden, doch sind diese Fälle als Ausnahmen anzusehen.

Die ganze Länge der Räumnadel ist nach Fig. 29 in vier Abschnitte geteilt, nämlich: Schaft, Führung, Schneidenteil und Kalibrierteil. Nach diesem Schema werden alle Nadeln, gleichviel ob Räumnadeln oder Nutenziehmesser, ausgeführt. Die Art des Mitnehmers richtet sich ganz nach Art der benutzten Maschine: er kann sowohl für Keil als auch für Spannzange ausgebildet sein. Die Führung der Nadel richtet sich nach dem vorgearbeiteten Werkstück, bei „Satznadeln“ muß die Führung der folgenden Nadel immer das Profil der vorhergehenden erhalten. Die Ausbildung des Schneidenteiles ist abhängig von der Länge des zu bearbeitenden Loches und der Art des verwendeten Werkstoffes. Die am Ende jeder Fertignadel anzubringenden Kalibrierzähne schließlich dienen nicht nur zum Genauziehen, sondern sie verlängern auch die Lebensdauer der Räumnadel.

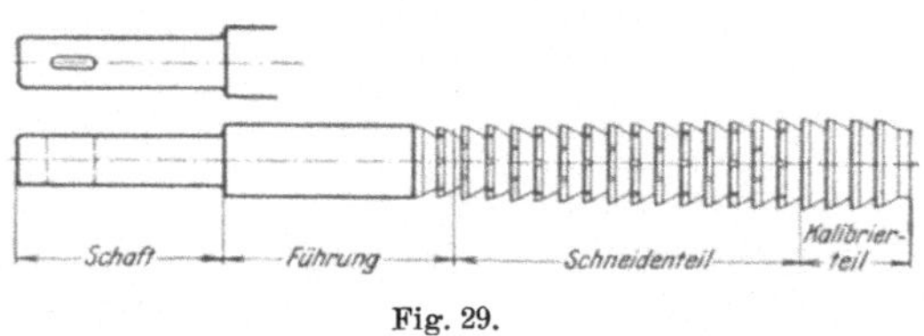

Fig. 29.

Man vermeide es, übermäßig lange Räumnadeln herzustellen, denn beim Härten und beim Räumen treten dann größere Schwierigkeiten auf. Besser ist es, wenn auch nicht immer billiger, die Länge zu unterteilen und zwei oder mehrere Nadeln anzufertigen, die dann leichter zu handhaben sind.

Allgemein geht man bei der Bestimmung der Lochform vom runden Querschnitt aus, denn hierdurch ergeben sich Erleichterungen bei der Herstellung und einfacheres Arbeiten. Auch der Endquerschnitt soll möglichst aus der runden Form abgeleitet werden, da sich auch hierdurch die Nadel leichter anfertigen läßt.

Bei den Beispielen im Abschnitt I sind die runden Ausgangslöcher durch strichpunktierte Linien angegeben. Auch ist durch solche Linien an einigen Formen

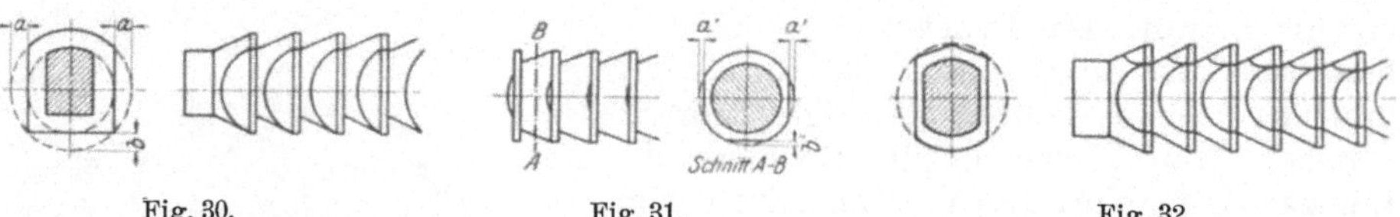

Fig. 30. Fig. 31. Fig. 32.

gezeigt, wie der Räumnadelquerschnitt von der runden Form abgeleitet wurde. In Fig. 30÷32 sind noch einige Beispiele gezeigt für die einfache Überleitung der runden in eine eckige Form.

Richtung und Größe des „Vorschubes“, die bei der Räumnadel durch die Steigung der Nadel bzw. die Zunahme von Zahn zu Zahn verkörpert sind, wird ganz verschieden. Man geht so weit wie möglich auf die Dreh- und Rundschleifarbeit hinaus, denn die hierdurch erzielte Genauigkeit ist mit einfachen Mitteln zu erreichen. Bei der Rundnadel ist die Zunahme von Zahn zu Zahn gleichmäßig; der Vorschub der Vierkantnadel ist aus Fig. 33 zu ersehen. Die Pfeile geben die Richtung des Vorschubes der Nadel an, so daß also, wenn die Spanstärken gleichmäßig

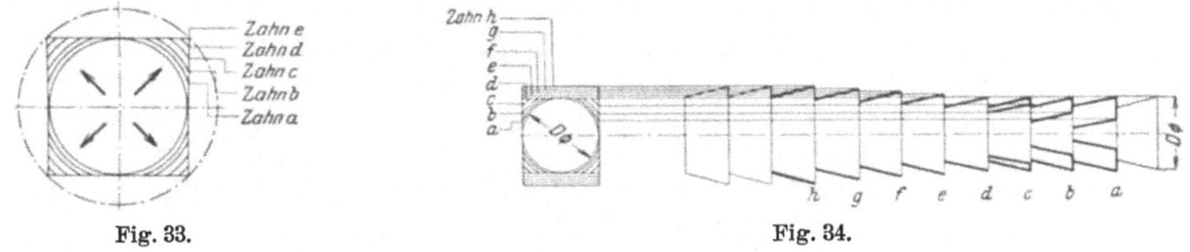


Fig. 33. Fig. 34.

wären, die *Spanquerschnitte* abnehmen würden. Das gleicht man durch veränderliche Zunahme der Spanstärke so gut wie möglich aus.

Sind rechteckige Löcher herzustellen, deren Seitenunterschiede nicht groß sind, so wird die Nadel nach dem Schema Fig. 34 ausgebildet. Die Zähne $a$ bis $d$ stellen erst das Vierkant her, die folgenden Zähne $e$ bis $h$ erweitern dieses nur nach einer Seite hin.

Bei Rechtecklöchern mit größeren Seitenunterschieden verwendet man vorteilhaft zwei oder mehrere Nadeln. Gewöhnlich wird dann auch das Loch rechteckig vorgearbeitet. Ein Beispiel zeigt das Schema Fig. 35. Hier ist von einem vorgearbeiteten rechteckigen Loch ausgegangen und mit Nadel 1 zuerst die kurze Seite des Rechteckes erweitert worden und dann mit Nadel 2 die lange Seite des Rechteckes. Für Genaulöcher ist dann noch eine dritte Nadel erforderlich, die aber nur wenig Vorschub hat, und zwar Zahn über Zahn auf der kleinen Rechteckseite, so daß die zwischenliegenden Zähne die lange Seite bearbeiten. Die Pfeile geben die jeweilige Bearbeitungsrichtung an.

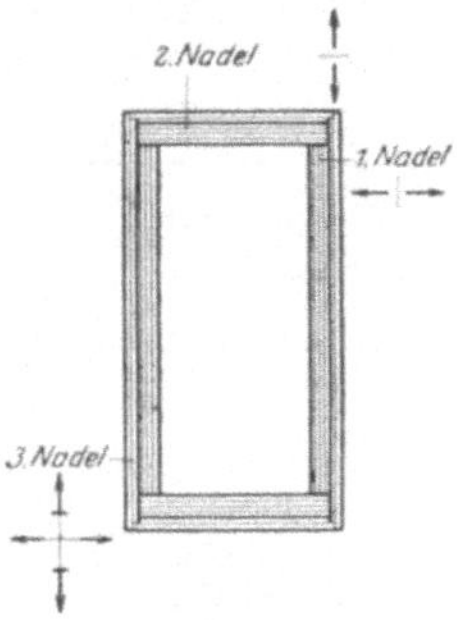

2. Nadel
1. Nadel
3. Nadel

Fig. 35.

Die beiden Schruppnadeln 1 und 2 haben Schrägverzahnung, damit sie besser schneiden. Die Schräge oder der *Anstellwinkel* beträgt nach Fig. 36 etwa $15 \div 20^{0}$, und zwar werden die Schrägen auf beiden Seiten entgegengesetzt gestellt, damit sich der beträchtliche Seitendruck aufhebt. Die Verzahnung der

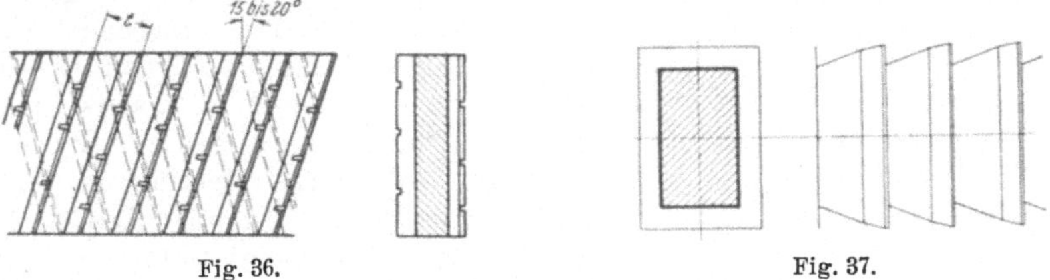


Fig. 36. Fig. 37.

Fertig- oder Schlichtnadel wird dagegen nach Fig. 37 rechtwinklig zur Schneideebene stehend ausgeführt. Nach diesen allgemeinen Angaben werden nun im folgenden die einzelnen Abschnitte der Nadel besprochen, und zwar

## B. Der Räumnadelschaft.

Er wird $0{,}5 \div 1$ mm schwächer gehalten als das vorgebohrte Loch des Werkstückes. Bei Befestigung der Nadel durch Keil muß der Schaft gut in die Futterhülse passen, da sonst die Nadel schiefgestellt und zerbrochen werden kann. Zweckmäßig ist es, die Rundschäfte zu normen, damit die Anzahl der Hülsen beschränkt bleibt. Der schwächste Querschnitt ist am Keilloch bzw. an der Mitnehmerfläche; er muß auf Zugbeanspruchung nachgerechnet werden, wobei die ungünstigsten Verhältnisse anzunehmen sind.

Bedeutet $q$ = den Spanquerschnitt in mm² für 1 Zahn.
$n_{\max}$ = die größte gleichzeitig in Eingriff stehende Zähnezahl.
$F_m$ = den Querschnitt des Mitnehmers in mm².
$a$ = die für den mm² Spanquerschnitt notwendige Zerspanungskraft (der nachstehenden Tabelle zu entnehmen).
$k = 1{,}1 \div 1{,}3$ einen Faktor, der die Reibung der Nadel an der Lochwandung mit $10 \div 30$ vH berücksichtigt,

so ist die Beanspruchung $\sigma_z$ des Mitnehmerteiles

$$\sigma_z = k \frac{a \cdot q \cdot n_{\max}}{F_m} \text{ in kg/mm}^2.$$

Tabelle der Zerspanungskraft in Kilogramm für 1 mm²-Querschnitt.

| Werkstoff | $a_1$ | $a_2$ |
|---|---|---|
| Weicher Guß, Grauguß | $60 \div 100$ | $4{,}5 \div 6\ K_z$ |
| Harter Guß, Temperguß, Stahlguß | $90 \div 130$ | $4{,}5 \div 6\ K_z$ |
| Flußeisen, Weichstahl, S.-M.-Stahl | $110 \div 170$ | $2{,}5 \div 3{,}2\ K_z$ |
| S.-M.-Stahl, Nickelstahl, Werkzeugstahl | $160 \div 240$ | $2{,}5 \div 3{,}2\ K_z$ |
| Rübelbronze, Phosphorbronze, Stahlbronze, Deltametall | $50 \div 100$ | — |

Es ist zu beachten, daß die Schnittkraft bei gleichem Spanquerschnitt und gleichem Werkstoff veränderlich ist, und zwar ist sie um so größer, je dünner der Span ist. Es wird also für dicke Späne ein kleinerer und für dünne Späne ein größerer Wert $a$ einzusetzen sein. Die Werte $a_1$ geben die Schnittkraft allgemein, die Werte $a_2$ in Abhängigkeit von der Bruchfestigkeit $K_z$ an.

## C. Die Führung.

Die Führung an der Räumnadel ist mindestens so lang zu wählen, wie das längste zu räumende Loch. Dabei ist zu berücksichtigen, daß ständig der erste Zahn der Räumnadel mit zur Führung gerechnet wird. Das ist notwendig, um ein etwa zu eng gebohrtes Loch bereits vor dem Räumen zu bemerken. Solche Werkstücke könnten sich sonst auf der Nadel festfahren, eine Folge der auftretenden zu großen Reibung. Werkstück und Räumnadelführung sollen mit Laufsitz ineinanderpassen, damit jede Behinderung beim Aufstecken vermieden wird. Bei Satznadeln soll die Führung jeder folgenden Nadel ebenfalls mit Laufsitz in die vorher geräumte Bohrung passen.

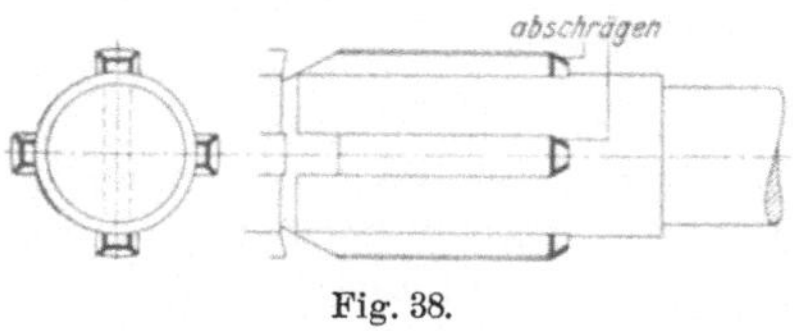

Fig. 38.

Bei Mehrnutennadeln und ähnlichen rundet oder schrägt man die Führung vorteilhaft nach Fig. 38 ab, damit das Werkstück leicht aufgesteckt werden kann.

## D. Die Verzahnung.

Die Verzahnung einer Räumnadel ist abhängig von der Länge des zu räumenden Loches und von der Beschaffenheit des Werkstoffes. Bei der Konstruktion einer Nadel bestimmt man zuerst die Teilung oder den Zahnabstand, wofür weiter hinten eine allgemeingültige Formel gegeben ist. Dann wird die erfahrungsgemäß zulässige Steigung oder der Vorschub gewählt, und nun läßt sich durch einfache Rechnung die Zähnezahl ermitteln, ebenso die Gesamtlänge des Schneidenteiles. Dabei ist zu beachten, daß für das Nadelende einige Kalibrierzähne hinzugerechnet werden müssen. Nun kann man sehen, ob die Räumnadel nicht eine übermäßige Länge bekommt, die nicht erwünscht ist, weil sowohl beim Härten als auch beim Arbeiten auf der Räumnadelziehmaschine Schwierigkeiten auftreten können, die besser durch Unterteilung der schneidenden Länge vermieden werden. Daraus ergeben sich oft zwei und mehr Nadeln, was zwar nicht immer billiger ist, dafür aber um so sicherer. In der Regel ist die Länge der Nadel ein bestimmtes, durch den Hub der Maschine begrenztes Maß. Bei Räumnadelsätzen sind nur die jeweils letzten Nadeln mit Kalibrierzähnen zu versehen. Fig. 39 zeigt die Querschnitte eines dreiteiligen Räumnadelsatzes für ein Vierkantloch mit abgerundeten Ecken. Es ist hieraus auch zu ersehen, daß die Führung der Nadel schwächer als das vorhergehende Ende ist.

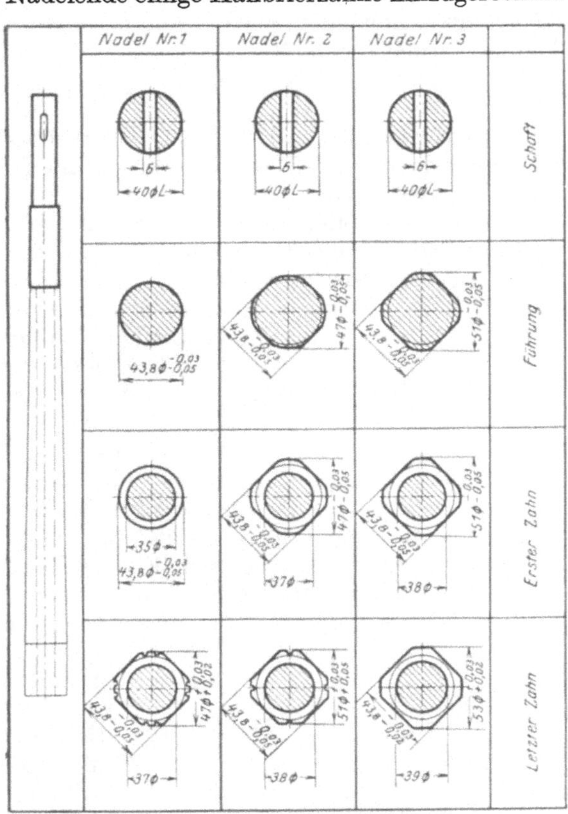


Fig. 39. Beispiel eines Vierkantnadelsatzes.

Der bisher angegebene Rechnungsgang führt oft mit dem ersten Ergebnis nicht zum Ziel. Man erkennt gewöhnlich bei der Bestimmung der Zahnform nicht, ob der entstehende Spanraum groß genug ist, um die abgehobenen Späne eines Zuges in sich aufzunehmen. Oft muß, in der Hauptsache bei dünnen Räumnadeln, die Teilung vergrößert werden, weil sonst der Kernquerschnitt zu klein wird und die Zugbeanspruchung nicht aushalten kann. Dadurch wird die Gesamtlänge der Nadel anders und das erste Rechnungsergebnis ist hinfällig. Umgekehrt kann aber bei genügend starkem Kernquerschnitt der Nadel durch Verkleinerung der Teilung und entsprechender Vergrößerung der Zahnhöhe an Räumnadellänge gespart werden, was oft große Ersparnisse an Nadelwerkstoff und Stückzeit bringt. In bezug auf Teilung und Zahnhöhe sind alle Veränderungen erlaubt, denn b e s t i m m t e Werte gibt es nicht. Die Hauptsache ist und bleibt die hemmungslose Aufnahme der gesamten ausfallenden Späne in den Spankammern, die mit allen vernünftigen Mitteln erreicht werden muß.

**1. Die Teilung der Räumnadel.** Bedingung ist, daß mindestens zwei Zähne in Eingriff stehen. Für Ausnahmefälle ist es zulässig, nur einen Zahn ständig arbeiten zu lassen, und zwar dann, wenn es sich um ganz kurze Bohrungen handelt. Dann ist in der weiter unten angeführten Weise zu verfahren. Besser ist es natürlich, wenn mehrere Zähne gleichzeitig arbeiten, denn dann ist größere Sauberkeit und auch größere Genauigkeit gewährleistet. Man hat deshalb die Teilung $t$ von der Lochlänge $L$ abhängig gemacht und damit bisher gute Ergebnisse erzielt. Die bekannte Formel für die Teilung lautet:

$$t = 1{,}5 \text{ bis } 2\sqrt{L}\,.$$

Die Werte 1,5÷2 sind je nach Werkstückbeschaffenheit zu wählen. Ist der zu räumende Werkstoff weich, so nimmt man einen kleineren, ist er dagegen hart, einen größeren Wert.

Zähe Werkstoffe, wie S.-M.-Stahl, Ni.-Stahl haben guten Spanfluß, denn die Späne rollen sich meist zusammen. Deshalb ist die kleinere Teilung der Räumnadel zulässig. Spröde Werkstoffe, wie Bronze, Grauguß und einige Stahlsorten zerspanen sich bröckelig, deshalb muß der Zahnabstand etwas größer gewählt werden, damit die Spankammern geräumiger werden.

Fig. 40.

Als Länge $L$ ist die gesamte, wirklich zu räumende Lochlänge zu rechnen, $L = l_1 + l_2$ zu setzen, also bei ausgesparter Bohrung (Fig. 41). Dies ist für Späne, die beim Abheben „Locken“ bilden, besonders zu beachten, denn bei durchgehender Bohrung bildet sich nur eine einzige Rolle, die entsprechend kurze Teilung, dafür aber größere Spanraumtiefe erfordert (Fig. 40); ist dagegen die Bohrung ausgespart, so bilden sich zwei Spanrollen, die eine größere Teilung notwendig machen. Dafür kann dann die Zahnhöhe geringer gehalten werden. In Fig. 41 ist die Lage der beiden Spanlocken in der Spankammer angegeben.

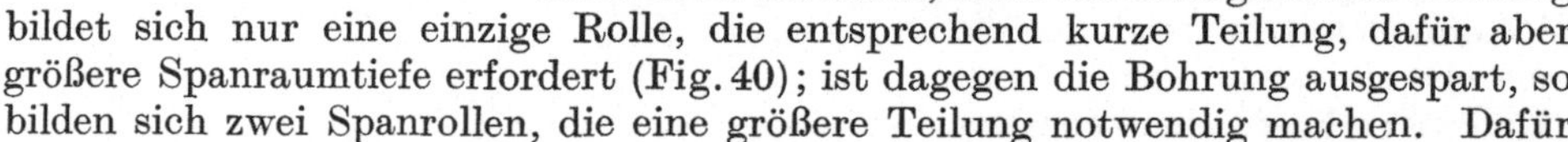
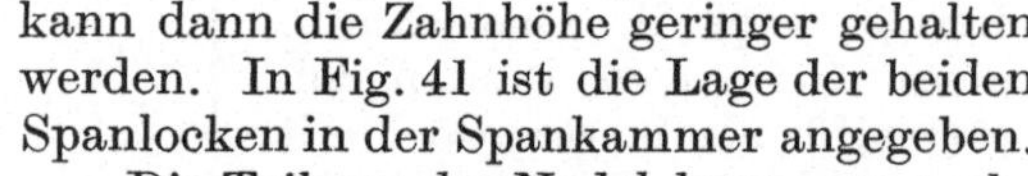

Fig. 41.

Die Teilung der Nadel kann aus praktischen Gründen nicht unter ein gewisses Maß gebracht werden. In solchen Fällen hilft man sich durch Vergrößerung der Teilung und räumt gleichzeitig mehrere Werkstücke. An einem einfachen Beispiel soll diese Veränderung gezeigt werden. Wie bereits früher schon angegeben, muß ein Zahn mindestens ständig in Eingriff stehen, weil sonst das Werkstück bei Austritt des Zahnes aus der Bohrung zwischen die Schneiden fällt und diese beschädigt. Hieraus ergibt sich für das Werkstück Fig. 42 mit 3 mm Räumlänge ohne Benutzung der Teilungsgleichung eine Räumnadelteilung von $t \leq 1{,}5$ mm, die sich natürlich ihrer Kleinheit wegen nur schwer herstellen ließe. Hier ist die Teilung auf das Mehrfache zu vergrößern, und bei jedem Zuge sind zwei Arbeitsstücke zu räumen, die unter Zwischenlegen einer Paßhülse auf einen Dorn gesteckt werden (Fig. 43). Durch diese Art Führung von Räumnadel und Werkstück kann man sich in den meisten Fällen gut helfen.

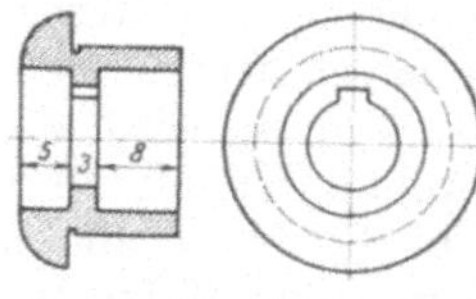

Fig. 42.

Um nachprüfen zu können, ob auch wirklich ständig ein Zahn arbeitet, bedient man sich des nachstehend beschriebenen, einfachen Verfahrens, das jede umständliche Rechnung vermeidet. Das Werkstück Fig. 44 habe eine Räumlänge von nur 3,6 mm, so daß also auch wieder zwei Teile gleichzeitig zu räumen sind, die zweckmäßig in der angegebenen Art aufeinandergelegt werden. Man zeichnet nun die Werkstücke in dieser Stellung schematisch auf, möglichst vergrößert (Fig. 45). Auf einen Papierstreifen wird die dann gewählte Teilung im selben Maßstab aufgerissen, und so, den wirklichen Verhältnissen entsprechend, an der Werkstückskizze entlang gefahren. Wenn dabei der Fall eintritt, daß beide Zähne zugleich, und zwar etwa der eine bei $A$ und der andere bei $B$ aus dem Werkstück heraustreten, dieses also dadurch in die Spankammern fallen kann, so muß die Teilung verbessert werden. Dieses Verfahren führt rascher zum Ziel als jede rechnerische Untersuchung, die umständlich und langwierig ist.

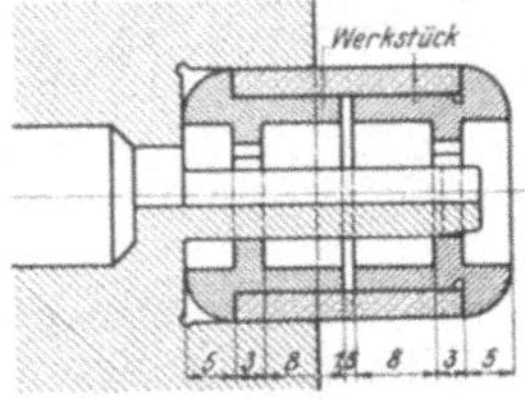

Fig. 43.

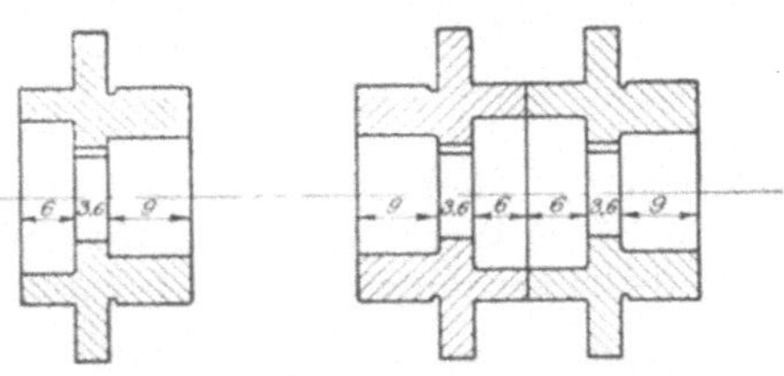
Fig. 44.

Um beim Räumen Rattermarken zu vermeiden, wird die Teilung ungleichmäßig ausgeführt. Eine Räumnadel mit genau gleicher Teilung erzeugt Schwingungen. Tritt z. B. ein Zahn aus dem Werkstück heraus, so wird die Maschine etwas entlastet; der nächste nun eintretende Zahn nimmt also seine Arbeit mit vergrößerter Geschwindigkeit auf. Hierdurch entsteht ein Stoß, durch den die Geschwindigkeit der Maschine wieder verringert wird. Sind nun die Zahnabstände genau gleich groß, so wiederholen sich die Stöße immer im gleichen Zeitraum und an derselben Stelle des Werkstückes, erzeugen dadurch die Schwingungen, die sich nach ganz kurzer Laufstrecke der Räumnadel bereits so verstärken, daß sie als Erschütterungen fühlbar werden. Durch diese aber wird die Bohrung unsauber, d. h. es sind Rattermarken auf der bearbeiteten Fläche zu sehen, die die Güte der Werkstücke beeinträchtigen. Durch geringe Teilungsunterschiede werden diese Schwingungen unterbrochen, so daß die Rattermarkenbildung unterbleibt. Dieselben Verhältnisse finden sich bekanntlich beim Reiben, wo ebenfalls durch ungleiche Teilungswinkel der Reibahlenzähne die Bildung von Rattermarken unterbunden wird.

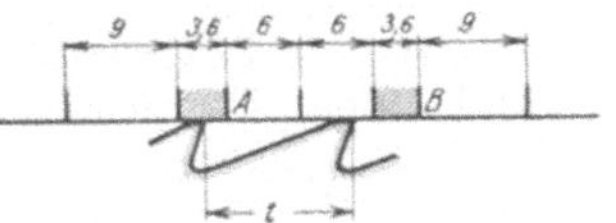

Fig. 45.

Es genügt, wenn die Teilung der Nadel von Zahn zu Zahn um 0,1÷0,5 mm wächst, und zwar je nach ihrer Größe. Dabei ist es nur notwendig, diese Zunahme der Teilungslängen auf die größte in Eingriff befindliche Zähnezahl auszudehnen. Darauf kann mit derselben Anzahl der Zähne das Spiel wiederholt werden.

Für eine Lochlänge von 80 mm mit der größten gleichzeitig arbeitenden Zähnezahl von 6 ist die Teilung beispielsweise auszuführen:

| Teilung | 1 | 2 | 3 | 4 | 5 | 6 | 7 | 8 | |
|---|---|---|---|---|---|---|---|---|---|
| mm | 13,5 | 13,6 | 13,7 | 13,8 | 13,9 | 14,0 | 13,5 | 13,6 | usw. |

Es genügt auch schon, die Teilungsänderung auf Gruppen von nur je 3 Zähnen anzuwenden, wodurch die Herstellung der Nadel vereinfacht wird.

**2. Die Zahnhöhe.** Auch sie ist abhängig von der Beschaffenheit des Werkstoffes und von der Räumlänge. Wie bereits kurz angeführt, wählt man bei größeren

Teilungen geringere Zahnhöhe, und umgekehrt. Dabei ist natürlich Voraussetzung, daß der verbleibende Kernquerschnitt der Räumnadel die auftretende Zugbeanspruchung aushalten kann. Diese ist nachzuprüfen. Durch entsprechendes Einsetzen der Werte ergibt sich die Beanspruchung des Räumnadel**kern**querschnittes $F_k$ zu

$$\sigma_z = k \cdot \frac{a \cdot q \cdot n_{\max}}{F_k} \text{ in kg/mm}^2 .$$

Die Bedeutung der Buchstaben ist dabei genau die gleiche, wie in der Gl. auf S. 22 für die Berechnung des Nadelschaftes.

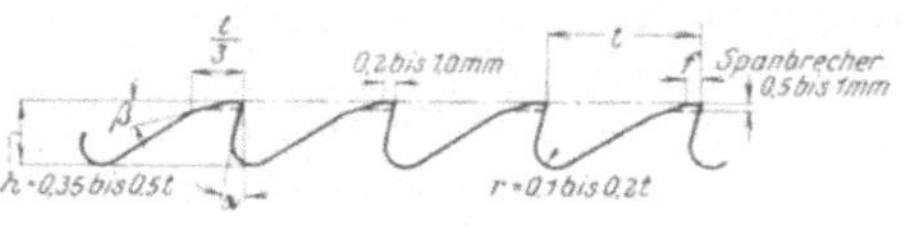


Fig. 46.

Für $F_k$ ist der kleinste vorhandene Kernquerschnitt einzusetzen, der theoretisch zwischen dem ersten Zahn und der Führung liegt.

Die Zahnhöhe $h$ (Fig. 46) berechnet sich zu:

$$h = 0{,}35 \div 0{,}5\, t ,$$

worin $t$ = die Teilung der Räumnadel bedeutet. Für genügend starke Räumnadeln gibt dieser Wert gute Zahnform. Auch hier gilt, wie bei der Bestimmung der Teilung, daß alle vernünftigen Abänderungen zulässig sind. Fig. 46 zeigt die Form normaler Zähne.

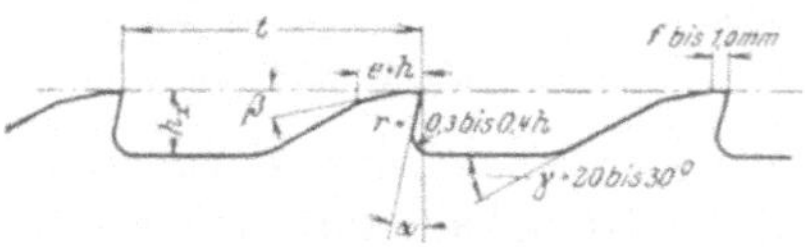

Fig. 47.

Bei besonders langen Löchern, bei denen die Beanspruchung des Nadelkernes zu groß wird, kann man sich durch Verminderung der Anzahl der in Eingriff stehenden Zähnezahl helfen. Hier kann als Regel gelten:

Arbeitet die Räumnadel unter sehr günstigen Kühlungsverhältnissen, so geht man mit der gleichzeitig in Eingriff stehenden Zähnezahl nicht über 8 Zähne. Dabei ist angenommen, daß das Kühlmittel bereits durch den Kern der Nadel geführt wird und direkt an die Schneiden gelangt.

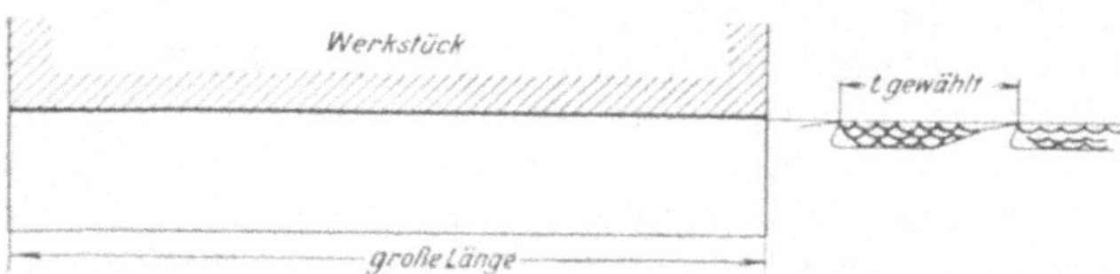


Fig. 48.

Bei gewöhnlicher Aufschlagkühlung ist es notwendig, nicht über 6 Zähne zu gehen, da sonst die von jedem Zahn mitgenommene Ölmenge nicht ausreicht, diesen zu kühlen. Hier muß dann durch Vergrößerung der Teilung mit entsprechender Verringerung der Zahnhöhe ein Ausgleich geschaffen werden. Es verändert sich dann natürlich die Länge des Schneidenteiles. Besonders große Teilung ist nach Fig. 47 auszuführen, und bei durchgehender Bohrung, wenn also mit einer einzigen Spanlocke zu rechnen ist, die Spanbildung nötigenfalls noch künstlich zu unterbrechen, so daß sich Späne nach Fig. 48 bilden. Das geschieht durch Veränderung der Schneidenwinkel, deren Größe durch einen weiter unten angegebenen Versuch leicht ermittelt werden kann.

**3. Der Brustwinkel.** Er ist ganz von der Beschaffenheit des Werkstoffes abhängig. Bewährte Ausführungen haben die in nachstehender Tabelle angegebenen Brustwinkel $\alpha$ ergeben (s. Fig. 46 und 47):

Durch das bereits erwähnte, weiter unten angegebene Verfahren können die Winkel ganz genau ermittelt werden.

| Werkstoff | Brustwinkel $\alpha$ |
|---|---|
| Bronze, Rotguß, Deltametall . . . . . . . . . . . | $2^0 \div 4^0$ |
| Grauguß, Temperguß, Stahlguß, Aluminium . . . . . | $0^0 \div 4^0 \div 7^0$ |
| S.-M.-Stahl hart, Nickelstahl, Werkzeugstahl . . . . . | $13^0 \div 15^0$ |
| S.-M.-Stahl weich, Flußeisen . . . . . . . . . . . | $15^0 \div 17^0$ |

**4. Die Führungsfase.** Sie dient zur Führung des Zahnes auf dem Werkstoff während der Zerspanung. Auch soll durch sie die Nadel nicht so schnell an Maßhaltigkeit verlieren, wenn durch Schleifen der Zahnbrust nachgeschärft werden muß. Die Breite *b* der Führungsfase (s. Fig 46 u. 47) wird zweckmäßig der nachstehenden Tabelle entnommen:

| Teilung *t* mm | Fasenbreite *f* mm | Teilung *t* mm | Fasenbreite *f* mm |
|---|---|---|---|
| bis 6 | 0,2 | über 18÷30 | 0,8 |
| über 6÷10 | 0,3 | über 30÷50 | 1,0 |
| über 10÷18 | 0,5 | | |

Auch darüber hinaus soll größere Fasenbreite nicht angewendet werden, damit die Reibung an den Lochwänden nicht unnötig vergrößert wird.

**5. Der Rückenwinkel.** Er ist auch am besten durch einen praktischen Versuch zu bestimmen (s. weiter unten). Günstige Winkel sind in nachstehender Tabelle angegeben:

| Werkstoff | Rückenwinkel $\beta$ |
|---|---|
| Bronze und Guß . . . . . . . . . | $3 \div 4^0$ |
| Flußeisen und Stahl . . . . . . . | $4 \div 7^0$ |

Versuch zur Ermittlung richtiger Werte für $\alpha$, $\beta$ und *f*.

Die bisher gemachten Angaben über die Schneidenwinkel $\alpha$ und $\beta$ und die Fasenbreite *f* sind allgemeiner Natur. Da bei der Verschiedenheit der Werkstoffe, sowohl der Werkstücke als auch der Räumnadeln, die Möglichkeit von Fehlschlägen besteht, so ist es gut, die Schneidwinkel durch Versuche zu überprüfen. Die Festigkeit des Werkstoffes allein genügt nicht, um den Zerspanungsvorgang richtig beurteilen zu können. Hauptsächlich sind es Härte, Dehnung und Zähigkeit der Werkstoffe, die die Spanbildung beeinflussen. Da nun aber, so kann man getrost behaupten, bei der ungeheuern Anzahl von Stahlsorten eine genaue Kenntnis und Beurteilung dieser Eigenschaften kaum möglich ist, so ist der nachstehende Versuch geradezu eine Notwendigkeit. Für diesen Versuch sind erforderlich:

1. Ein Stück des Werkstoffes, aus dem das Werkstück besteht.
2. Ein Stück des Werkstoffes, aus dem die Nadel angefertigt werden soll.
3. Eine Shaping- oder Hobelmaschine oder sonst eine für ziehenden Schnitt geeignete Maschine.

Zu 1: Die Länge des Probewerkstoffes ist vorteilhaft dieselbe wie die des fertigen Werkstückes, so daß der sich bildende Span nicht nur die Bearbeitbarkeit, sondern auch die Größe der sich bildenden Locke erkennen läßt. Der Werkstoff muß so gelegt werden, daß seine Faser in derselben Richtung zur Schneide liegt wie in Wirklichkeit; andernfalls ist das Ergebnis ungenau oder überhaupt nicht brauchbar. Auch muß eine den wirklichen Verhältnissen entsprechende Fläche geschaffen werden.

Zu 2: Das Werkstoffstückchen der Räumnadel wird so vorgeschmiedet, daß es in das Stichelhaus der Maschine gut hineinpaßt. Es ist mit einer genau den gewählten Verhältnissen entsprechenden Schneide zu versehen. In Fig. 49 ist ein solcher Versuchsstahl abgebildet. Die Breite $b$ der Schneide muß der wirklichen Schneidenbreite entsprechen, z. B. bei einer Nutennadel genau der Zahnbreite oder bei einer Rundnadel genau der Bogenlänge zwischen zwei Spanbrechernuten.

Fig. 49.

Zu 3: Die Arbeitsgeschwindigkeit wird genau den wirklichen Verhältnissen angepaßt, was leicht zu erreichen ist.

Sind alle diese Arbeiten vorbereitet, was in ganz kurzer Zeit ohne große Kosten geschehen sein kann, so wird nach Fig. 50 der Versuch durchgeführt. Die Zustellung der Spanstärke von Hand erfordert eine gewisse Geschicklichkeit, die man sich aber sehr schnell aneignet. Richtige Beobachtung des Zerspanungsvorganges ist Bedingung. Die Schmierung der Schneide muß ungefähr den Verhältnissen entsprechen. Verschiedentliche Veränderung der Schneidenwinkel wird bald zum gewünschten Ergebnis führen. Mit Hilfe dieses Versuches ist es möglich, alle erreichbaren Spanformen hervorzubringen, was für die Anfertigung der Räumnadel ungemein wichtig ist. Man spart hierdurch viel Mühe, Arbeit und Verdruß.

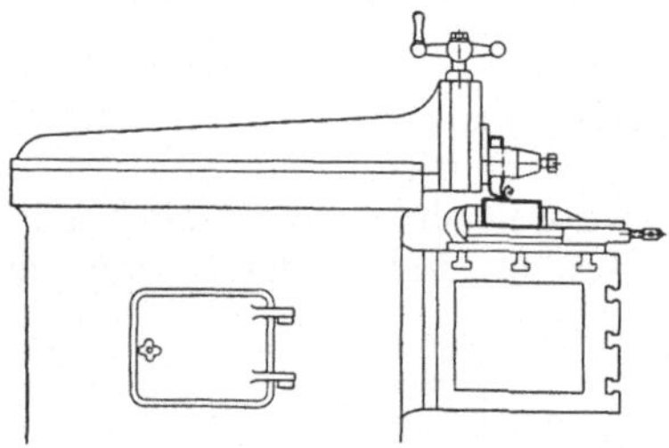
Fig. 50. Versuchsanordnung.

**6. Die Abrundung des Zahnes am Fuße.** Sie ist nach Fig. 46 für normale Teilung anzunehmen mit:

$$r = 0{,}1 \div 0{,}2\, t\,.$$

Für lange Zahnteilung bezieht man die Abrundung auf die Zahnhöhe und macht sie nach Fig. 47:

$$r = 0{,}3 \div 0{,}4\, h\,.$$

Dabei ist zu beachten, daß die kleineren Werte für Guß und bröckelig spanenden Werkstoff, die größeren Werte für in Locken spanenden Werkstoff gewählt werden. Ferner nimmt man für Räumnadeln mit geringerem Kernquerschnitt größere, für Nadeln mit genügend großem Querschnitt kleinere Radien. Unter allen Umständen vermeide man scharfeckige Ausarbeitung, denn diese führt stets zu Bruch der Nadel, mindestens aber zum Ausbrechen der Zähne.

**7. Die Zahnrückenlänge.** Sie ist nach Fig. 46 auszuführen mit

$$C = t/3\,.$$

Bei besonders großer Teilung ist auch die Rückenlänge auf die Zahnhöhe bezogen, und zwar nach Fig. 47 mit $C = h$.

Wollte man die Zahnform auf gleiche Biegefestigkeit für alle Querschnitte des Zahnes berechnen, so würde man auf die Parabelform, bezogen auf die Brustfläche als Achse kommen. Da die Herstellung der Nadel dann sehr erschwert würde, so hat man mit Hilfe der obigen Werte die Parabel angenähert festgelegt.

**8. Das übrige Rückenstück** kann entweder vorstehender Erläuterung gemäß als Kreisbogen ausgebildet sein, es kann aber auch der besseren Bearbeitung wegen als Schärge angenommen werden. Bei normalen Zähnen ist nach Fig. 46 vom Endpunkt des Schenkels des Rückenwinkels aus an den Abrundungsradius entweder ein großer Kreisbogen oder eine Tangente zu legen, wodurch gute Zahnform erreicht wird. Bei langen Teilungen wendet man vorteilhaft eine Gerade unter einem Winkel von

$$\gamma = 20 \div 30^0 \text{ an.}$$

**9. Die Steigung der Nadel.** Unter Steigung einer Nadel versteht man den Maßunterschied des ersten und letzten Schneidzahnes. Diese Steigung ist meist durch die Abmessungen des fertigen Loches und den Durchmesser des vorgebohrten oder sonstwie vorbearbeiteten Loches gegeben. Dividiert man den Maßunterschied durch die Spanstärke, so ergibt sich die Anzahl der Zähne. Von der richtigen Wahl der Spanstärke hängt also auch die Länge der Räumnadel ab, die in erster Linie berücksichtigt werden muß.

Weiter ist die Spanbreite ausschlaggebend. Da das Produkt aus Spanbreite und Spanstärke den Spanquerschnitt ergibt, dieser aber für die Berechnung des Räumnadelkernquerschnittes maßgebend ist, so kann hierauf nur durch Veränderung der Spandicke ein Einfluß ausgeübt werden; denn eine Änderung der Spanbreite ist kaum und in den seltensten Fällen möglich. Bei abnehmenden Spanbreiten, wie z. B. bei Drei- und Vierkantlöchern, kann die Spanstärke bis zu einem gewissen Grade zunehmen, damit der Querschnitt der einzelnen Späne ungefähr derselbe bleibt. Umgekehrt muß die Spanstärke bei zunehmender Spanbreite verringert werden, da sonst in gewissen Fällen, z. B. bei dünnen Werkzeugen, diese überlastet werden und reißen.

Bei der Festlegung der Spanstärke kommt dann ferner noch die Art des zu zerspanenden Werkstoffes in Betracht. Für Guß ist die Spanstärke größer zu nehmen als für weichen Stahl. Harter oder spröder Stahl erfordert ebenfalls größeren Vorschub. Zäher Stahl ist dagegen besser in dünnen Spänen abzuheben.

Unter Beachtung des oben Angeführten wählt man die Spanstärke oder den Vorschub in den Grenzen.

$$s = 0{,}01 \div 0{,}2 \text{ mm} .$$

Den Span schwächer zu halten als angegeben, ist nicht zu empfehlen, denn dann besteht die Möglichkeit, daß ein Zahn zufolge der geringen Angriffstiefe überhaupt nicht schneidet, sondern das Material beiseite drückt. Der nachfolgende Zahn aber muß den stehengebliebenen Werkstoff noch mit wegnehmen, was eine Überbeanspruchung des Zahnes bedeutet und oft zu seinem Bruch führt. Wird der Span aber stärker wie angegeben angenommen, so leidet die Sauberkeit des Schnittes.

Ist die Teilung und die Anzahl der Zähne, also die Gesamtlänge der Räumnadel gegeben, so kann durch einfache Rechnung die Spanstärke nachgeprüft werden. Falls diese sich als zu groß oder zu klein erweist, muß durch Vermehrung oder Verminderung der Zähnezahl Abhilfe geschaffen werden. Die sich hieraus ergebende Änderung der Gesamtlänge der Nadel ist dabei zu beachten. Man geht bei der Bestimmung der Nadellänge nicht über ein gewisses, durch den Hub der Maschine bedingtes Maß hinaus. Vorteilhaft wählt man die Länge nicht über 1 m, da sich sonst Schwierigkeiten beim Härten und auch beim Arbeiten mit der Räumnadel ergeben, die durchaus vermieden werden müssen.

Sind mehrere Nadeln für ein Loch erforderlich, so wird nur die letzte mit Schabe- und Glättzähnen ausgeführt.

**10. Die Kalibrierzähne.** Sie entsprechen in der Teilung und Zahnhöhe den übrigen Schneidzähnen, die Schneidwinkel sind jedoch andere. Sie sind, wie unter „Glätt- und Schabenadeln“ ausgeführt, zu wählen. Der Einfachheit halber werden die Kalibrierzähne auch in der Form den Schneidzähnen nachgebildet, jedoch muß der Rückenwinkel $\beta$ unter allen Umständen verändert werden, da nur hierdurch schabende Wirkung erzielt wird.

Zum Kalibrieren werden benötigt: 4÷6 Zähne.

Diese sind einer wie der andere zu bemessen. Dadurch wird einmal eine Sicherheit für genaues Passen des Formloches gegeben, ein andermal wird die Lebensdauer der Nadel bedeutend verlängert. Würde man nur einen Zahn mit dem Genaumaß ausführen, so ist die Nadel nicht mehr verwendbar, sobald dieser abgenutzt ist. Bei Anordnung mehrerer Genauzähne aber werden diese normalerweise der Reihe nach abgenutzt. Sobald der erste Kalibrierzahn seine Maßhaltigkeit verloren hat, übernimmt der nächstfolgende Zahn dessen Arbeit.

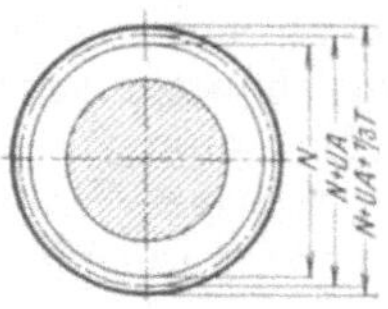

Fig. 51.

Bei der Bemessung der Kalibrierzähne sind nachstehende Angaben zu beachten. Sind Löcher mit irgendeinem „Sitz" zu räumen, so werden die Abmessungen der Kalibrierzähne nach Fig. 51 bestimmt.

Es ist das Genauzahnmaß:

$$D = N + UA + \frac{1}{3}T\,.$$

Darin bedeutet: N = das Nennmaß nach DIN 774,
$UA$ = Unteres Abmaß nach DIN 774,
$T$ = die Toleranz nach DIN 774.

Nachstehende Tabelle gibt beispielsweise die Abmessungen der Kalibrierzähne für eine Gruppe Löcher an, die nach dem Rundräumen Grobsitz 3 ($g_3$) haben sollen:

| Durchmesserbereich $D$ mm | Abmaße für $g_3$: $UA$ und $OA$ mm | | Genauzahnmaß $UA + \frac{1}{3}T$ mm |
|---|---|---|---|
| bis 6 | +0,08 | +0,15 | +0,103 |
| über 6÷10 | +0,10 | +0,20 | +0,133 |
| über 10÷18 | +0,10 | +0,25 | +0,15 |
| über 18÷30 | +0,15 | +0,30 | +0,20 |
| über 30÷50 | +0,15 | +0,35 | +0,216 |

Die hier angegebenen Werte sind nun noch um ein geringes veränderlich, je nachdem der Werkstoff spröder oder zäher ist. Es empfiehlt sich deshalb, die Genauzähne etwas stärker zu lassen und die endgültigen Abmessungen durch Proberäumen einiger Werkstücke festzustellen. Nacharbeiten mittels Ölstein ist dabei das Hilfsmittel zur Erreichung des Fertigmaßes.

**11. Die Spanbrechernuten.** Bei Räumnadeln, die breite Schnitte auszuführen haben, sind die auftretenden Zerspanungswiderstände sehr groß. In der Hauptsache rührt dies vom ungünstigen Abfluß breiter Späne her. Hier kann durch Anordnung von Spanbrechernuten Abhilfe geschaffen werden. Dadurch ist die Spanbildung weniger behindert und die Kraftverhältnisse ändern sich günstig. Die Spanbrechernuten werden an den Schneiden der Zähne so angeordnet, daß der Werkstoff dadurch in verschiedenen Streifen abgehoben wird.

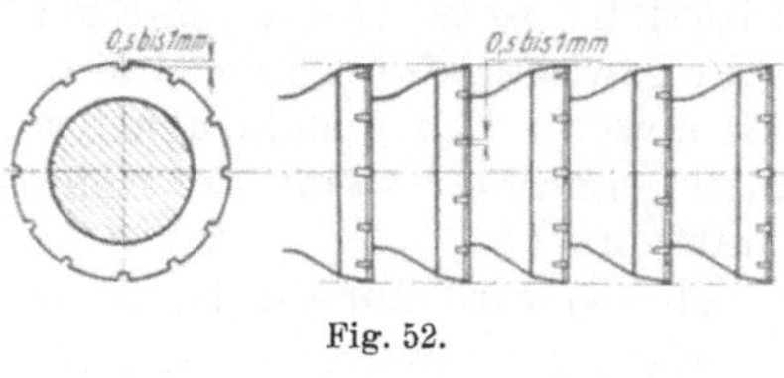

Fig. 52.

Aus Fig. 52 ist zu ersehen, daß die eingearbeiteten Nuten von Zahn zu Zahn versetzt sind, so daß der von der Spanbrechernute stehengelassene Werkstoff vom nachfolgenden Zahn mit weggenommen wird.

Die Breite der Spanbrechernuten ist anzunehmen mit 0,5÷1 mm, ihre Tiefe ebenfalls mit 0,5÷1 mm.

Die Unterteilung ist so durchzuführen, daß die abgehobenen Späne eine Breite von 10÷15 mm haben. Dabei ist den Abmessungen der Räumnadel entsprechend zu verfahren. Damit die Spanbrechernuten frei schneiden, können sie 5° hinterarbeitet werden. Die Notwendigkeit dieser Arbeit besteht jedoch nicht. Da die Nuten von Hand hinterfeilt werden müßten, ist es vorteilhafter, die Kanten parallel zu lassen, wie sie sich durch die Bearbeitung auf der Fräsmaschine ergeben.

Für die letzten 5 bis 8 Schneidezähne fallen die Spanbrechernuten fort, ebenso auch bei den Kalibrierzähnen, da sich sonst Markierungen in der Bohrung zeigen. Dafür kann die Zunahme der Spanstärke oder der Vorschub hier etwas geringer gewählt werden, so daß für die Zerspanungskraft ein Ausgleich geschaffen wird.

Die Form der Spanbrechernuten ist ohne Einfluß. Sie kann sowohl scharfeckig als auch ausgerundet sein, je nachdem die Werkzeuge zum Einarbeiten vorhanden sind.

## E. Verschiedenes.

Für Löcher von großer Länge ist ganz besonders gute Kühlung erforderlich. Bei genügend großem Kernquerschnitt der Nadel ist diese zu durchbohren und das Ende des Loches mit einem Schnellverschluß nach Fig. 53 versehen. Damit das eingeführte Öl nicht umherspritzt, wird an der Maschine ein Schutzblech angebracht.

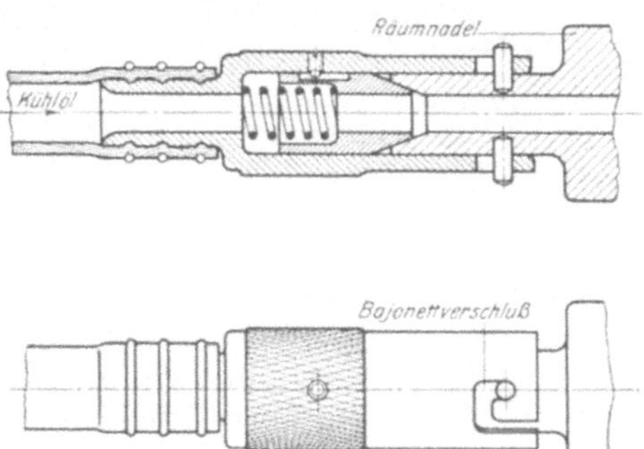

Fig. 53.

Läßt dagegen der Querschnitt die Anordnung von Ölkanälen nicht zu, so kann durch entsprechende Vermehrung der Anzahl der Nadeln Abhilfe geschaffen werden. Dann ist vor jedem Zug in die Bohrung genügend Öl einzubringen und die Nadel beim Eintritt ins Werkstück nochmals gründlich zu benetzen. Das Räumverfahren wird dadurch natürlich weniger wirtschaftlich, und es ist zu prüfen, ob ein anderes Herstellungsverfahren billiger ist.

Flachnadeln mit geringem Kernquerschnitt führt man vorteilhaft mit versetzten Zähnen aus (Fig. 54). Dadurch wird der Querschnitt etwas verstärkt.

Auch die Schrägverzahnung in Fig. 36 für Flachnadeln trägt wesentlich zur Verstärkung des tragenden Querschnittes mit bei, weshalb besonders bei schwachen Nadeln die Zähne schräg gestellt werden sollen. Die Schrägverzahnung ergibt sehr saubere Schnitte, da hierbei der Werkstoff gewissermaßen abgeschält wird, weil die Zähne durch den Anstellwinkel besser in das Material eindringen können.

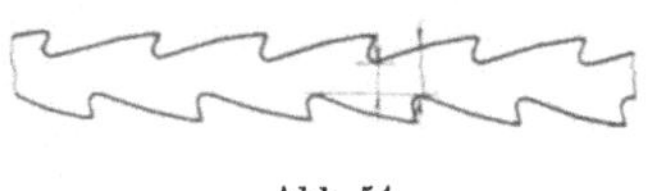
Abb. 54.

Vierkantnadeln werden so ausgeführt, daß die errechnete oder sonstwie bestimmte Teilung dort vorhanden ist, wo die Zerspanung stattfindet, nämlich in den Ecken. Die Schneidenwinkel müssen ebenfalls an diesen Stellen vorhanden sein. Die nur zur Führung dienenden Seiten der Vierkante sind zweckmäßig nicht parallel zur Achse anzunehmen, sondern vielmehr mit ganz schwachen Rückenwinkeln zu versehen, damit durch diese Anordnung die Seiten leicht geglättet werden.

Beim Räumen von Arbeitsstücken mit kegeliger Vierkantbohrung (Fig. 55) verfährt man wie folgt: Die kegelige Bohrung wird soweit vorgearbeitet, daß das Maß über die Flächen gemessen bereits um einige Zehntel überschritten wird. Es ist dann nach dem Fertigräumen die Rundung noch zu sehen. Da eine kegelige Form dieser Art in 4 Zügen hergestellt werden muß und bei jedem Zug nur eine Ecke mit der Räumnadel Fig. 56 hergestellt werden kann, ist die größere Bohrung unerläßlich. Sie dient zur Aufnahme auf dem runden Kegeldorn, der mit einer Längsnute zur Führung der Nadel versehen ist. Geräumt wird hierbei unter Benutzung einer einfachen Teilvorrichtung, da sonst Ungenauigkeiten im Werkstück auftreten.

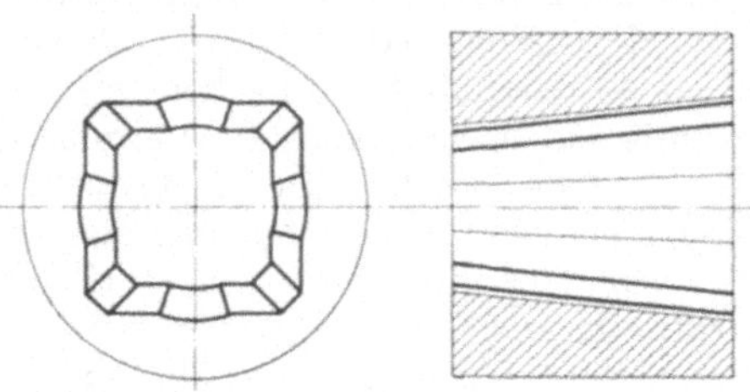

Fig. 55.

Bei der Konstruktion der Nadeln ist bei allen stark unsymmetrischen und unregelmäßigen Formlöchern auf den Schwerpunkt des Querschnittes möglichst Rücksicht zu nehmen, da sonst beim Räumen Schwierigkeiten auftreten, die sich durch Verbiegen der Nadel zeigen. Fig. 57 zeigt ein Beispiel einer Schwerpunktverlegung. Der runde Schaft ist hier so angeordnet, daß er, wenn auch nur angenähert, im Schwerpunkt der Endform liegt. Dadurch ist bei der Bearbeitung vom runden Loch aus eine einfache Führung der Nadel geschaffen.

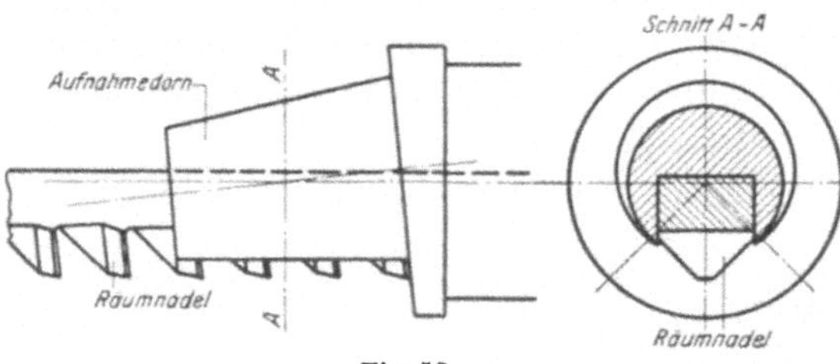


Fig. 56.

Um bei Räumnadeln, die zur Herstellung runder Bohrungen dienen, das Abwandern zu unterbinden, werden zwischen den Führungen der Zähne nochmals Führungen angeordnet. In Fig. 58 sind die Zähne in Gruppen 3÷6 Stück je nach Länge der Bohrung unterteilt, und zwischen je zwei Gruppen befindet sich die Führung. Diese erhält denselben Durchmesser wie der vorhergehende Zahn und ist sauber und genau auszuführen. Damit kleine Späne nicht zwischen Lochwand und Räumnadelführung kommen und dadurch die Bohrung beschädigen, sind flache, schmale Spanfangnuten spiralig anzuordnen. Die Steigung der Spirale ist dabei gleich der Führungslänge.

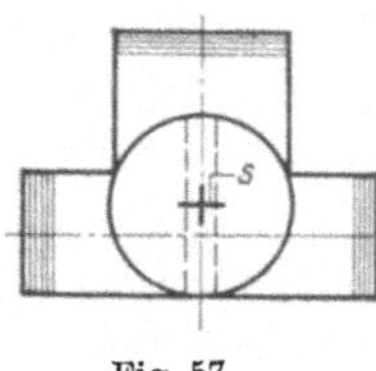


Fig. 57.

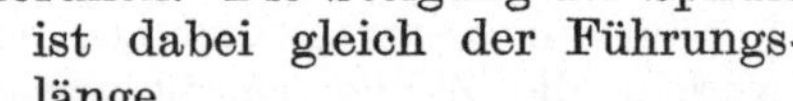

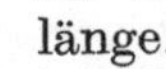


Fig. 58.

Die Ölkanäle, die bei Werkstücken größerer Länge erforderlich werden, bohrt man schräg ein (Fig. 59). Es wird dadurch der Kernquerschnitt der Nadel weniger geschwächt, als wenn die Ölkanäle rechtwinklig zur Achse der Nadel eingebohrt würden. Bei Räumnadeln, die durch Dreharbeit geformt werden, genügt es, wenn in jedem Schneidring nur ein Ölloch gebohrt wird, denn das unter Druck eingeführte Öl durchlauft den als Ringkanal wirkenden Spanraum und benetzt dadurch die Schneiden genügend. Versetzen der Schmierkanäle von Zahn zu Zahn um einen beliebigen Zentriwinkel wirkt günstig auf den Gesamtquerschnitt der Nadel.

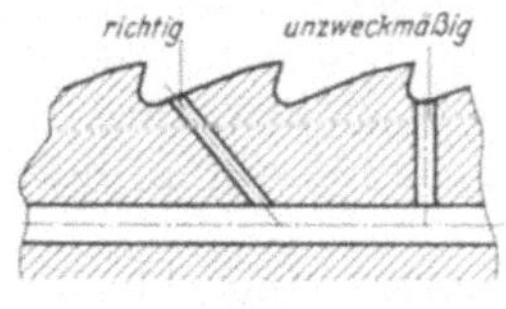


Fig. 59.

## F. Schabe- und Glättnadeln.

**1. Allgemeines.** Wie bereits bei der Konstruktion der Räumnadel angeführt, werden die letzten Zähne als Schabe- und Glättzähne ausgebildet. Löcher, die besonders sauber sein sollen, werden mit Schabe- und Glättnadel (s. Fig. 60), die in einem weiteren Arbeitsgang anzuwenden ist, bearbeitet. Die Schabezähne sind so ausgeführt, daß sie die Wirkung etwa eines Flachschabers hervorbringen. Sie nehmen alle größeren Unebenheiten der Bohrung durch Schaben weg, während die nachfolgenden Glättzähne die geschabten Flächen glätten, indem sie die offenen Poren der bearbeiteten Bohrung durch Quetschen schließen, wodurch eine sehr dichte Oberfläche erzielt wird. Durch mehrmalige Wiederholung dieses Vorganges wird schließlich eine glatte Bohrung erzielt, die besonders bei weichen Metallen von hervorragender Güte ist.

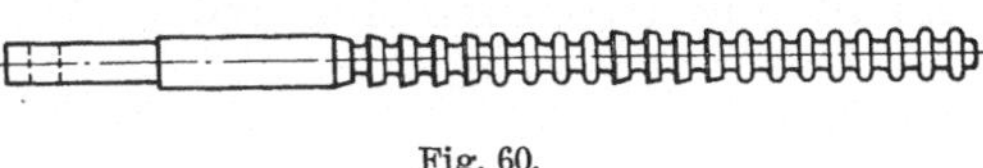

Fig. 60.

**2. Der Nadelschaft.** Für den Schaft der Schabe- und Glättnadel gilt dasselbe wie für den der Räumnadel. Die Zugbeanspruchung nachzurechnen ist kaum möglich, denn die Widerstände beim Schaben und Glätten sind nur durch Versuche bestimmbar. Hier sei nur an die Verschiedenheit der Werkstoffe in bezug auf Glätte, Festigkeit und Dehnung erinnert, die selbst bei denselben Werkstoffarten noch unterschiedlich sind.

Allgemein kann gesagt werden, daß bei richtiger Wahl der Gesamtsteigung der Nadel der Schaft in derselben Weise auszuführen ist wie der der Räumnadel für das betreffende Loch.

**3. Die Werkstückführung.** Auch hier hat die Ausbildung nach den unter Räumnadeln bereits gegebenen Richtlinien zu geschehen. Die Bohrung muß mit Laufsitz auf die Führung passen. Der erste Schabezahn soll auch hier bereits mit in die Bohrung hineingehen, da sonst Schiefstellen der Glättnadel zu befürchten ist.

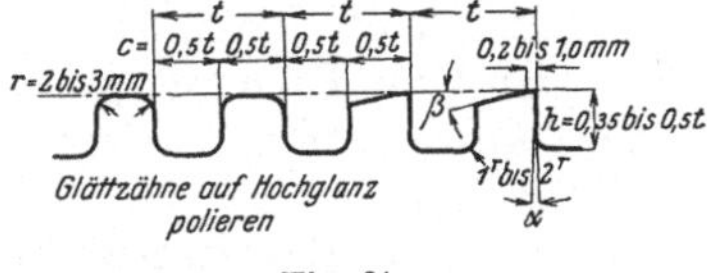


Fig. 61.

**4. Die Verzahnung.** Die Verzahnung der Schabe- und Glättnadel wird verschieden ausgeführt, meistens nach Fig. 61.

a) Die Teilung. Der Zahnabstand berechnet sich auch hier aus der für Räumnadeln gültigen Formel zu $t = 1{,}5 \div 2 \sqrt{L}$.

Bei den Schabe- und Glättnadeln müssen aber mindestens 3 Zähne in Eingriff sein, wenn die Bohrung sauber werden soll. Mit der gleichzeitig arbeitenden Zähnezahl geht man auch hier nicht über 8 Stück hinaus, da sonst die Beanspruchung der Nadel zu unbestimmt wird. Bei langen Löchern sind weniger aufeinanderfolgende Glättzähne anzunehmen als bei kürzeren, weil die Glättzähne, die ja den Werkstoff nicht zu zerspanen, sondern zu komprimieren haben, ungleich größeren Kraftbedarf erfordern als die Schabezähne. Es ist besser, mehr Gruppen Schabe- und Glättzähne anzuordnen, wenn die Lochlänge sehr groß ist, als weniger Gruppen mit mehr Zähnen. Alle vernünftigen Änderungen in bezug auf die in Eingriff stehende Zähnezahl sind auch hier wie bei der Räumnadel erlaubt. Ungleiche Teilung ist ganz besonders angebracht.

b) Die Zahnhöhe. Sie spielt praktisch nur bei den Schabezähnen eine Rolle. Es gilt als Hauptregel, daß die abfallenden Schabespäne genügend Platz finden. Man wählt deshalb die Höhe der Schabezähne

$$h = 0{,}35 \div 0{,}5\, t\,,$$

genau wie bei den Räumnadeln. Man kann sich bei der Festlegung der Zahnhöhe hauptsächlich an die kleineren Werte halten, und diese gegebenenfalls noch weiter unterschreiten. Da hier die Berechnung der Zugkraft kaum möglich ist, empfiehlt es sich, mit der Zahnhöhe so niedrig wie möglich zu bleiben, damit der Kernquerschnitt nicht unnötig geschwächt wird.

Für die Glättzähne kommt eine Zahnhöhe nur so weit in Frage, wie sie sich zur Anordnung der oberen Abrundung von

$$r = 2 \div 3 \text{ mm}$$

notwendig macht. Meist aber wird wegen der einfacheren Herstellung die Zahnhöhe der Glättzähne so groß wie die der Schabezähne gemacht (Fig. 61).

Auf sehr sorgfältige Bearbeitung der Glättzähne, besonders der glättenden Abrundungen ist vorsichtig zu achten; denn bei der geringsten Unsauberkeit, seien es nun Drehriefen oder grobe Schleifhaut, wird beim Arbeiten der Glättnadel nicht nur das Werkstück Ausschuß, sondern auch der betreffende Zahn stark in Mitleidenschaft gezogen, sogar oft überhaupt völlig unbrauchbar. Die Glättzähne und ihre Abrundungen sind auf Hochglanz zu polieren.

c) Der Brustwinkel des Schabezahnes. Nach Fig. 61 ist er auszuführen mit $\alpha = 0 \div 1^0$. Größere Winkel verbieten sich meist von selbst, denn dann geht gewöhnlich die schabende Wirkung der Zahnbrust in schneidende über, und saubere Bohrungen sind dann nicht zu erzielen.

Für Gußteile sind kleinere Winkel zu wählen als für solche aus Stahl.

Auch hier werden die genauen Winkel am besten durch den unter Räumnadeln angeführten Versuch bestimmt.

d) Die Führungsfase. Praktisch kommt sie nur bei den Schabezähnen zur Anwendung; sie ist genau so zu wählen, wie bei den Schneidezähnen angegeben.

e) Der Rückenwinkel des Schabezahnes. Er ist so klein wie möglich anzunehmen. Als günstige Schaberückenwinkel haben sich ergeben für

| Werkstoff | Rückenwinkel $\beta$ |
|---|---|
| Bronze und Guß . . . . . . . . . | $1 \div 2^0$ |
| Flußeisen und Stahl . . . . . . . | $1 \div 3^0$ |

Es ist sehr zu empfehlen, die genauen Winkel durch den Versuch zu bestimmen, da die Werkstoffe sowohl der Nadel als auch der Werkstücke unterschiedlich sind.

f) Der Zahnfuß. Den Fuß der Schabe- und Glättzähne rundet man mit $1 \div 2$ mm ab, damit der Kern durch scharfes Einstechen nicht geschwächt wird und beim Räumen reißt.

g) Die Zahnrückenlänge. Sie wird der einfachen Herstellung halber zu $C = {}^1/_2\,t$ angenommen. Da es bei den Schabe- und Glättzähnen weniger auf die Spanraumform ankommt, weil die Schabespäne bröckeln, so gibt dieser Wert genügend Sicherheit. Die Herstellung der Nadel ist durch die Annahme dieser Zahnrückenlänge sehr vereinfacht worden, denn sie kann mit einfachen Einstechstählen erzeugt werden.

h) Die Steigung der Schabe- und Glättnadel. Die Gesamtsteigung der Nadel ist sehr gering. Sie beträgt je nach dem Durchmesser $s = 0{,}1 \div 0{,}25$ mm, so daß sich die Spanstärken der Schabespäne bzw. die Stärke der zu pressenden Schicht bei einer 30zähnigen Schabe- und Glättnadel theoretisch auf $\delta = 0{,}0033 \div 0{,}0084$ mm stellt.

Bei der Wahl der Steigung ist zu beachten, daß zähe Werkstoffe schwerer zu schaben und komprimieren sind als weiche. Deshalb ist es erforderlich, für erstere kleinere und für letztere größere Werte zu wählen. Man hüte sich, die Zunahme der Zahndurchmesser zu übertreiben, denn die Widerstände, die die Glättzähne dem Durchziehen entgegensetzen, wachsen unverhältnismäßig stark an. Ferner wird der Werkstoff durch übermäßige Pressung hart und bröckelt aus, so daß die Werkstücke unbrauchbar werden. Ganz besonders ist hierauf bei Schabe- und Glättnadeln für (nicht Eisen-)Metalle zu achten, da diese bei zu starker Pressung obendrein noch schmieren.

i) Die Fertigmaße der letzten Glättzähne. Die letzten Zähne einer Schabe- und Glättnadel sind als solche mit glättender Wirkung auszubilden. Ihre Abmessungen sind, wie bereits bei den Räumnadeln angegeben, mit $^1/_3$ der zugelassenen Fertigtoleranz auszuführen. Auch hier ist es vorteilhaft, bei der Herstellung noch eine besondere Zugabe zu machen, die dann beim Ausprobieren der fertigen Nadel notwendigenfalls abgearbeitet werden kann.

**5. Verschiedenes.** Die Verzahnung Fig. 61 ist als normal anzusprechen. Es gibt jedoch noch eine Reihe Sonderausführungen, von denen nachstehend eine beschrieben ist.

Hauptsächlich bei Mehrnutenbohrungen kommt es vor, daß die Werkstücke nach dem Räumen noch warm behandelt werden müssen. Die hierbei freiwerdenden Spannungen wirken sich dahin aus, daß sie das Werkstück „verziehen", so daß die Bohrung nachgearbeitet werden muß. Die Nadel Fig. 62 ist für diesen Zweck geeignet. Die Nuten der Bohrung werden hier als Führung benutzt. Die runde Bohrung selbst soll geschabt, die Nuten dagegen geglättet werden. Die Schabezähne haben geringe Zahnhöhe, weil die abzuhebende Spanmenge sehr gering ist. Deshalb ist eine große Spankammer nicht erforderlich. Die Glättzähne sollen in der Hauptsache als Führung in den Nuten dienen, und sind zu diesem Zweck als Buckel ausgebildet. Auch hier ist Hochglanzpolitur unerläßlich.

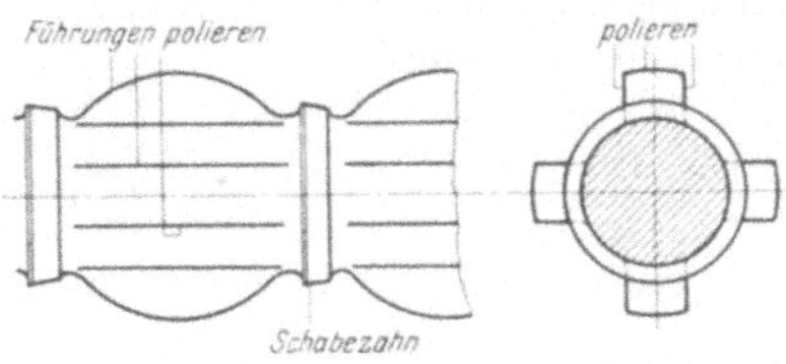

Fig. 62.

# VI. Die Herstellung der Räumnadel.

Die Anfertigung von Räumnadeln, die ein gutes Ergebnis liefern, ist äußerst schwierig. Es gehört zunächst eine ganz erstklassige Einrichtung dazu, sowohl was Werkzeugmaschinen und Werkzeuge betrifft, als auch Vorrichtungen, Sondermaschinen und sonstige Hilfseinrichtungen. Besonders eine Härterei, die mit allen neuzeitlichen Hilfsmitteln arbeitet und möglichst elektrische Öfen hat, ist unerläßlich. Weiter gehört viel Erfahrung dazu, eine gute Nadel herzustellen. Es sei nur an das Richten der Nadel nach dem Härten erinnert, das nur ein ganz besonders gut eingearbeiteter Werkzeugmacher mit vielen Kniffen und Hilfsmitteln fertigbringt. Aber auch die Weiterbehandlung und der Fertigschliff erfordern besondere Erfahrung und Sorgfalt. Daher ist es im allgemeinen falsch, wenn sich die Werkstätten ihre Räumnadeln selbst herstellen, statt sie von Sonderfabriken zu beziehen. Diese haben auf Grund langjähriger mühevoller und kostspieliger Versuche alle nötigen Erfahrungen und Hilfsmittel, und können für gutes Arbeiten ihrer Werkzeuge bürgen.

Im nachstehenden ist die Bearbeitung verschiedener Räumnadeln näher beschrieben.

## A. Werkstoffe und Warmbehandlung[1]).

**1. Wahl des Werkstoffes.** Während für die meisten Schneidwerkzeuge (Schneidstähle, Bohrer, Fräser usw.) die Ansichten über den geeignetsten Werkstoff nicht allzusehr auseinandergehen, werden für Räumnadeln die verschiedensten Sorten von Stahl mit Erfolg verwendet, vom gewöhnlichen Einsatzstahl bis zum hochlegierten Werkzeugstahl.

Diese große Verschiedenheit hat ihren Grund einmal in der geringen Schnittgeschwindigkeit der Räumnadel, die die Verwendung von unlegiertem Stahl ermöglicht, — wenn auch legierter vielleicht vorzuziehen ist — und zweitens in den recht verschiedenartigen, hohen Ansprüchen an den Werkstoff, nämlich: hohe Schneidhaltigkeit der Zähne ohne Sprödigkeit, damit die Schneiden gut stehen und nicht ausbrechen, und ferner hohe Zähigkeit im Kern, damit die Nadel die Zug- und Biegungsbeanspruchung aushält und sich nach dem Härten richten läßt.

Diese zum Teil widerstreitenden Anforderungen sind vollkommen sehr schwer, in ausreichendem Maße aber durch recht verschiedene Stahlsorten im Verein mit zweckentsprechender Warmbehandlung zu erfüllen.

Einsatzstahl. Es wird sowohl unlegierter wie legierter Einsatzstahl verwendet. In beiden Fällen muß der Kohlenstoffgehalt unter 0,2 % bleiben, der Schwefel- und Phosphorgehalt unter etwa 0,04 %. Besonders sorgfältig ist darauf zu achten, daß sich keine Zementitadern bilden (s. Heft 7, S. 58), die die Schneiden bröckelig machen.

Als legierter Einsatzstahl kommt vor allem Ni-Cr-Stahl in Betracht mit etwa: 0,15÷0,18 % C, 0,8÷0,9 % Cr und 3÷4 % Ni.

Der Hauptvorzug der im Einsatz gehärteten Stähle ist der sehr zähe Kern, der beim Ni-Cr-Stahl auch noch sehr fest ist.

Unlegierter Werkzeugstahl. Es wird der gewöhnliche Kohlenstoffstahl genommen wie für Fräser, Bohrer usw. mit etwa 1,1÷1,3 % C.

Dieser Stahl ist billig und kann unmittelbar gehärtet werden, wobei die Schneiden sehr gut hart werden. Und da bei der geringen Schnittgeschwindigkeit und der unterbrochenen Arbeitsweise die Schneiden auch ganz gut stehen, so ist dieser Stahl wohl brauchbar. Bei geringem Querschnitt ist allerdings dafür zu sorgen, daß die Nadel nicht durch und durch hart wird.

Legierte Werkzeugstähle. Sie haben eine größere Schneidhaltigkeit, sind nicht so feuerempfindlich und können in Öl oder Luft abgekühlt werden, wodurch sie sich wenig verziehen. Benutzt werden sowohl niedrig legierte Stähle wie mittel und hoch legierte. Eine geeignete Zusammensetzung für einen niedrig legierten Stahl ist z. B.: 1 % C, 0,8 % Mn, 1,5 % W, 1÷1,2 % Cr (bei 800° in Öl zu härten); für einen mittelhoch legierten z. B.: 1,5 % C, 10 % Cr, 0,5 % V (auf 950° zu erwärmen und bei 850° in Öl oder besser Preßluft abzukühlen); für einen hoch legierten z. B.: 1,4 % C, 14 % W, 3,5 % Cr (ebenfalls in Preßluft abzukühlen). Auch die üblichen Schnellstähle werden verwendet, allerdings nur in seltenen Fällen.

Die beim Abschneiden der Längen von der Stange abfallenden Werkstoffstücke werden der Sparsamkeit halber, wenn möglich, auf die normale Räumnadellänge mit kleinerem Durchmesser ausgeschmiedet und aufbewahrt, bis sich für diese eine günstige Verwendung bietet.

**2. Warmbehandlung (Härten).** Beim Erhitzen ist sorgfältig darauf zu achten, daß die Spitzen der Zähne nicht „verschmoren", weil sie dann durch

[1]) Näheres s. Heft 7 und 8 dieser Sammlung: „Härten und Vergüten".

keinerlei Nachbehandlung wieder ganz gut gemacht werden können. Ein solches Verschmoren ist in allen Öfen leicht möglich, die, wie Öl- und Gasöfen, oft im ganzen Glühraum oder stellenweise heißer sind als der Stahl werden soll. Daher empfiehlt sich meist, die Nadeln in Kästen mit Holzkohlenpulver zu packen, wodurch ein gleichmäßiges Durchwärmen gesichert, außerdem auch stellenweises Entkohlen unmöglich wird. Sehr vorteilhaft ist das Erhitzen in Bädern von flüssigem Blei oder auch Salz, die recht gleichmäßige Wärme haben und natürlich wie die Gas- und Ölöfen mit einem Pyrometer dauernd überwacht werden müssen.

Zu empfehlen ist, besonders für Nadeln mit geringem Querschnitt, zunächst langsam auf etwa 400÷500° vorzuwärmen und dann schnell auf die Abschrecktemperatur (750÷850°) zu erhitzen. Dadurch erreicht der Kern gar nicht die Temperatur, daß er beim Abschrecken ganz hart (martensitisch) werden könnte; er bleibt zäh (sorbitisch). Das Vorwärmen wird dabei gut in einem Gasofen, das schnelle Erhitzen in einem Flüssigkeitsbad ausgeführt.

Bereits werden die Nadeln auch schon elektrisch erhitzt nach dem Widerstandsverfahren, das den Vorzug hat, daß die Wärme von innen nach außen dringt.

Die meisten Nadeln sind als lange, dünne Werkstücke anzusprechen, für die noch besondere Härteregeln gelten: möglichst hängend erhitzen (wie das in Flüssigkeitsbädern und in senkrecht stehenden Muffelöfen geschieht) und senkrecht, in der Achsenrichtung, ins Kühlbad tauchen, weil sich die Nadeln sonst bis zur Unbrauchbarkeit verziehen.

Bei den meisten Stahlsorten folgt dem Abschrecken zweckmäßig ein Anlassen, das bei Temperaturen bis zu 250° geschieht.

Dünne Nadeln sind vorteilhaft vor dem Härten zu glühen, damit die durch die mechanische Bearbeitung entstandenen Werkstoffspannungen aufgehoben werden.

## B. Bearbeitung der Räumnadel.

Für die rohe Vorbearbeitung sind die normalerweise bei der Herstellung von Werkzeugen gebrauchten Werkzeugmaschinen notwendig, jedoch mit einigen besonderen Vorrichtungen, um die langen Räumnadeln gut und sicher zu spannen. Bei der Fertigbearbeitung, besonders nach dem Härten, sind Sondereinrichtungen erforderlich. Entsprechend den Forderungen an die Sauberkeit und Maßhaltigkeit der geräumten Bohrung werden die letzten Bearbeitungsstufen an der Räumnadel sehr schwierig. Bei der Herstellung der Räumnadeln handelt es sich in den meisten Fällen um Einzelanfertigung.

**1. Flachnadeln für Keilnuten (Ziehmesser).** Diese Keilnutennadeln werden aus Flachstahl hergestellt. Die

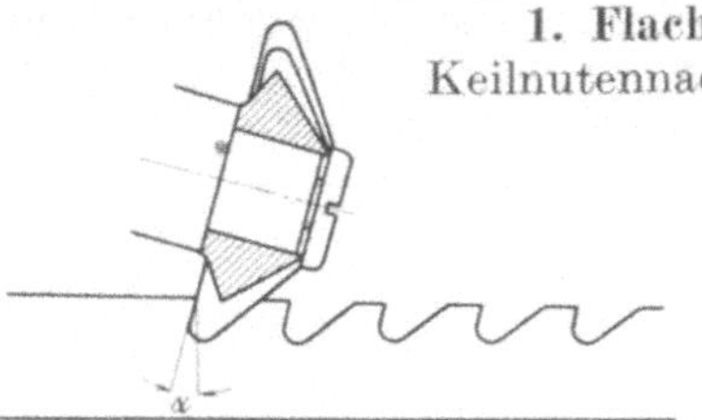

Fig. 63.

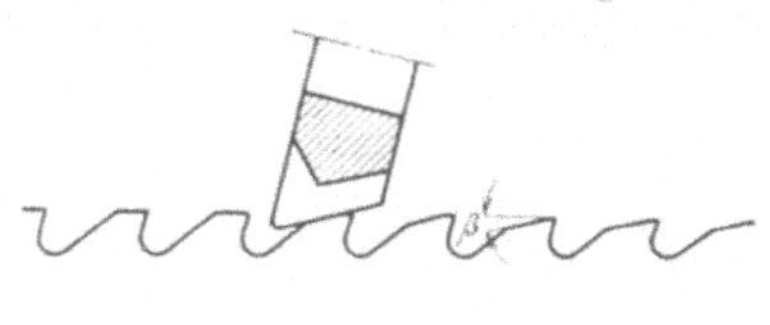

Fig. 64.

ersten Arbeitsgänge, das Hobeln der vier Seiten, wird auf der Langhobelmaschine ausgeführt. Dabei ist die Steigung der Nadel zu berücksichtigen, am besten durch Unterlegen eines entsprechend starken Keiles. Auf der Zahnseite werden mittels Reißnadel die Zahnabstände aufgetragen und dann mit entsprechendem Winkelfräser die Zähnlücken eingefräst (Fig. 63), wobei auf Sauberkeit der Zahnbrust zu achten ist, die eine Schleifzugabe von 0,3 mm erhält. Auf derselben Maschine wird der Zahnrücken gefräst (Fig. 64), wobei die Zahnhöhe nicht verringert werden darf. Die Nadel wird nun auf einer Wagerechtfräsmaschine in der Längsrichtung mit Meßuhr genau ausgerichtet und unter Beachtung des Schleifmaßes — 0,25 mm für jede Seite — die Zahnbreite der Räumnadel (Fig. 65) gefräst. Nunmehr werden die einzelnen Zähne auf einer Nutenfräsmaschine mit Schaftfräser hinterfräst. Das Maß $f$ (Fig. 66) der seitlichen Führung beträgt dabei je nach Nutenbreite 0,5÷2 mm an der fertigen Nadel. Wiederum auf einer Wagerechtfräsmaschine werden die Mitnehmerflächen bearbeitet (Fig. 67). Vor dem Härten sind dann nur noch einige Feilenstriche, z. B. an den Mitnehmerflächen und am Nadelende, erforderlich. Dann wird die Räumnadel gehärtet.

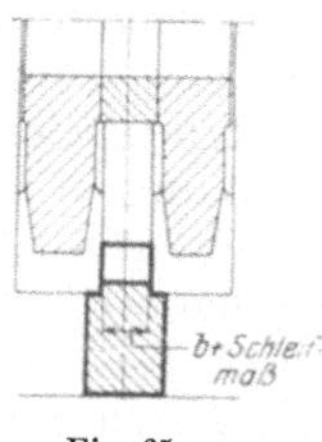

Fig. 65.

Trotz aller Vorsichtsmaßregeln wird sie sich dabei etwas verziehen, weshalb sie gerichtet werden muß. Das Ziehmesser wird auf einer Richtplatte gerichtet. Die Richtschläge sind sehr vorsichtig und mit Bedacht zu geben, denn jeder Schlag zuviel schadet der Nadel. Kurze Schläge mit der Hammerfinne sind besser als starke mit der Bahn. Auf der Flächenschleifmaschine wird dann die Nadel auf beiden Seiten geschliffen, wobei sie durch Magnetspannplatte gehalten wird (Fig. 68). In der Sonderspannvorrichtung (Fig. 69) wird die Anlagefläche geschliffen. Die Vorrichtung besteht aus einem genau abgerichteten Winkel $a$, der an beiden Enden mit Stellkeilen $b$ zum Ausgleich des Steigungsunterschiedes der Nadel versehen ist; das Ziehmesser $c$ wird genau nach Meßuhr ausgerichtet und dann durch Anziehen der Spannklauen $d$ an den Winkel $a$ gedrückt. In derselben Vorrichtung wird ohne die beiden Keile $b$, die durch genaue Paßstücke $e$ ersetzt werden (s. Fig. 70), mittels Topfscheibe die Breite der Zähne geschliffen. Auch hier muß die Nadel unbedingt genau ausgerichtet werden. Die erste zu schleifende Seite wird von der Fläche $x$ aus durch ein Endmaß gemessen; nachdem

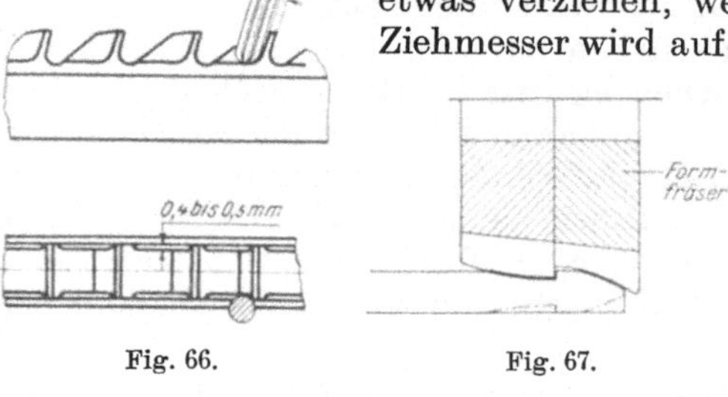

Fig. 66. Fig. 67.

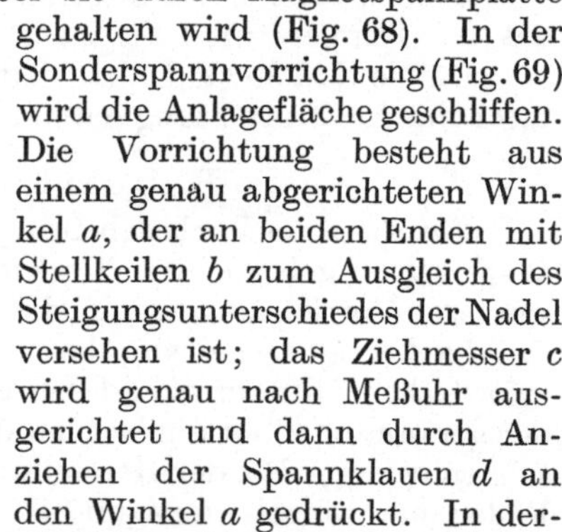

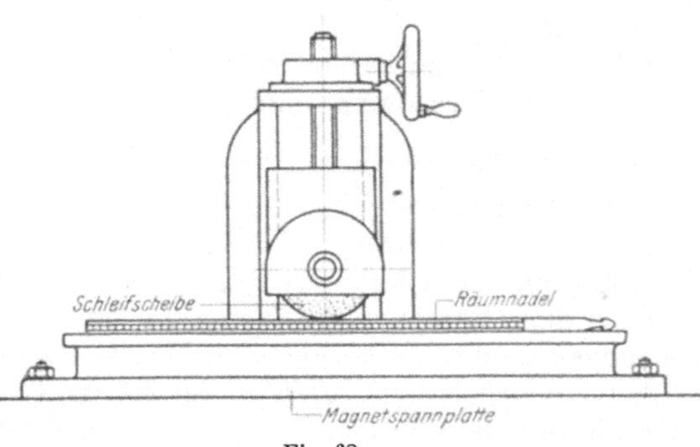

Fig. 68.

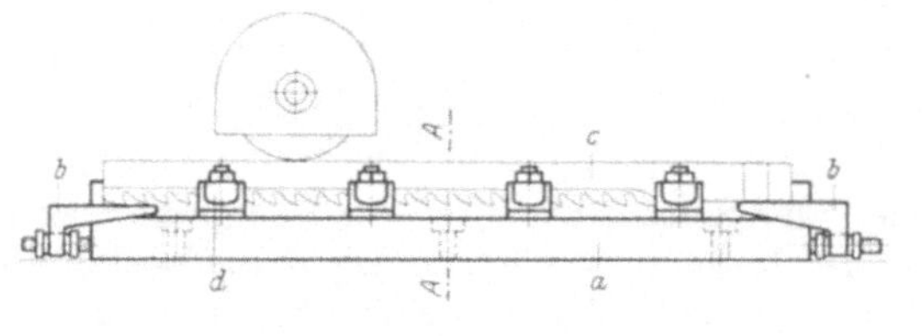

Fig. 69.

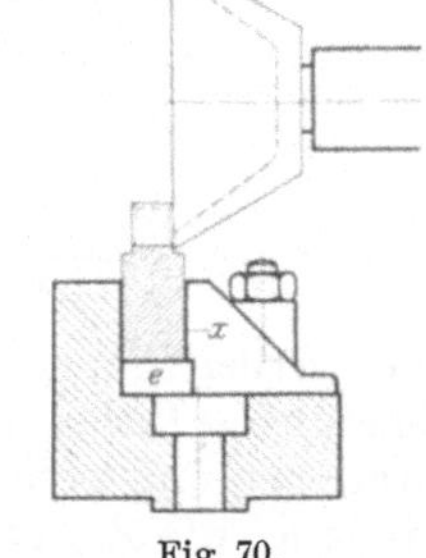
Fig. 70.

die Nadel umgespannt ist, wird dann die andere Seite geschliffen. Die Breite kann nun mit Schraublehre gemessen werden. Fig. 71 stellt das Schleifen der

Zahnbrust dar. Ist hierfür eine geeignete Maschine nicht vorhanden, dann muß freihändig geschliffen werden, wozu natürlich ganz besonderes Geschick erforderlich ist; der Winkel wird dabei mittels Gradmessers öfters nachgeprüft. Hiernach wird die Zahnfase mit Topfscheibe geschliffen (Fig. 72), meist unter Benutzung einer geraden Anlagefläche freihändig. Es ist erforderlich, Zahn um Zahn zu schleifen und mittels Schraublehre nachzumessen, da beim Längsschleifen die Fase schwach schräg wird und beim Räumen drückt. Mit dem Schleifen des Zahnrückens mit schräg eingestellter Schleifscheibe (Fig. 73) ist die mechanische Bearbeitung dann beendet. Nur sind nachträglich noch einige Handarbeiten vorzunehmen, die besonderes Geschick erfordern, wenn die ganze bisherige Arbeit nicht verdorben werden soll: Der beim Schleifen sich bildende Grat muß mit Abziehstein entfernt werden. Es geschieht am besten in der Reihenfolge, daß jedesmal nacheinander an sämtlichen Zähnen die eine bestimmte Arbeit erledigt wird, wie das ja auch bei der mechanischen Bearbeitung geschehen ist. Der Vorteil liegt darin, daß der Arbeiter nicht erst lange zu probieren braucht, bis er die richtige Stellung des Abziehsteines zu der nachzuarbeitenden Fläche gefunden hat, denn mit der Zeit hat er den richtigen Handgriff im Gefühl. Zuerst wird die Brustfläche abgezogen, wozu sich ein weicherer Stein eignet; während man zum Nachschleifen einen ganz harten Kunststein nimmt. Dann wird nach Fig. 74 jeder Zahn etwas abgerundet, nur so viel, daß sich die Ecken nicht spitz anfühlen. Diese Arbeit muß sehr gleichmäßig gemacht werden. Auf die Einhaltung des Rückenwinkels ist Wert zu legen, sonst drücken die Ecken beim Räumen. Hinterher kommt das Abziehen der Führungsfasen an die Reihe, wobei so lange zu wetzen ist, bis die Schleifmarken verschwunden sind. Man hüte sich, mit dem Abziehstein auszugleiten, da hierdurch die Schneiden beschädigt werden könnten.

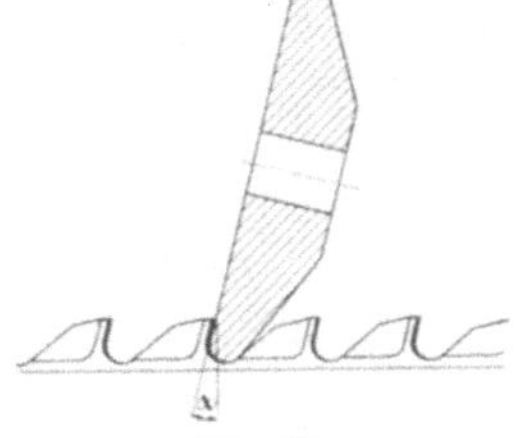

Fig. 71.

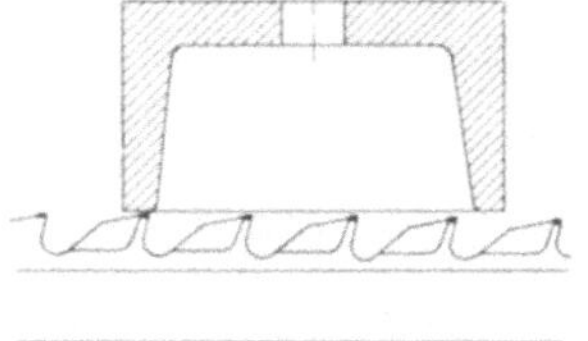

Fig. 72.

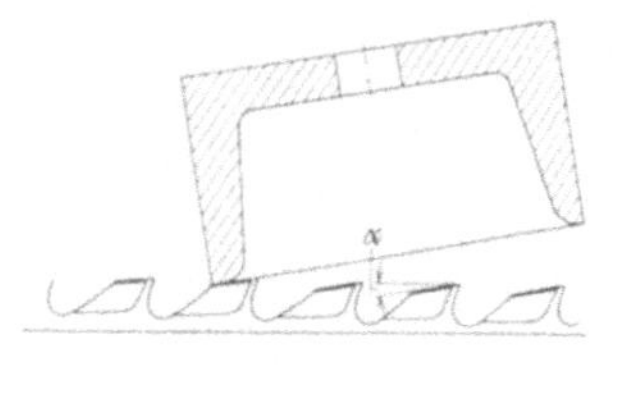

Fig. 73.

Eine Nutennadel ohne verstärkten Rücken wird in ähnlicher Weise hergestellt, nur daß dabei die Zahnbreiten nicht mittels Topfscheibe auf der Scharfschleifmaschine, sondern gleich auf der Flächenschleifmaschine geschliffen werden.

Sind der Breite der Zähne wegen Spanbrechernuten erforderlich, so werden sie vor dem Härten mittels Sägenfräser eingearbeitet. Einschleifen empfiehlt sich nicht, da sich die Schleifscheibe rasch abnutzt.

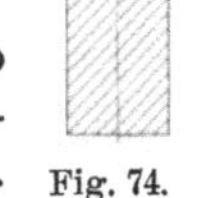

Fig. 74.

**2. Die Rundnadel.** Solange die Nadel frei ohne Lünette gedreht werden kann, ist diese Bearbeitung in einem Zuge die günstigste. Bei längeren Werkstücken dagegen muß der Durchbiegung und des Ratterns wegen mit Unterstützung gearbeitet werden. Eine mitlaufende Lünette läßt sich dabei nicht anwenden, weil ja das Arbeitsstück schwach kegelig ist.

Das von der Stange abgeschnittene Stück wird zentriert und nötigenfalls gerichtet. Dann wird zwischen den Spitzen in ungefähr $^2/_3$ Entfernung von einem Ende eine Lagerstelle für die Lünette angedreht, wozu man die Drehbank am besten links herumlaufen läßt mit langsamem Gang. Zur Verminderung der Erschütterungen, die dabei auftreten, legt man ein Stückchen Leder, etwa ein Stückchen Treibriemenabfall, zwischen Drehherz und Mitnehmer (Fig. 75). Die Lagerstelle wird dann durch Feilen und Schmirgeln sauber geglättet. Nun wird, unter Benutzung der Lünette, die eine Seite der Räumnadel überdreht und der Schaft angesetzt. Hierbei wird durch Einstellen des Reitstockes die Steigung der Nadel berücksichtigt. Die Schneidkanten werden durch Ankörnen bezeichnet und die Spankammer mit Einstechstahl mit ungefähr 2 mm Übermaß vorgestochen (Fig. 76). Dann werden nach Fig. 78 die einzelnen erreichbaren Zähne vorgedreht (Fig. 77), wobei eine aus schwachem Blech gefertigte Schablone gute Dienste leistet. Für die letzten drei dieser Arbeitsgänge ist zweckmäßig ein Umschaltstahlhalter zu verwenden. Nun ist noch notwendig, zwei nebeneinanderliegende Zähne, etwa *a* und *b* (Fig. 77) auf gleichen Außendurchmesser zu drehen, die dann für die nächste Arbeitsstufe den Stellring in Fig. 78 aufnehmen müssen. Es ist nämlich nicht zu empfehlen, die Lünette unmittelbar auf der schmalen Schneide laufen zu lassen, weil diese sehr leicht angegriffen und dadurch unbrauchbar wird. Diese Ringe

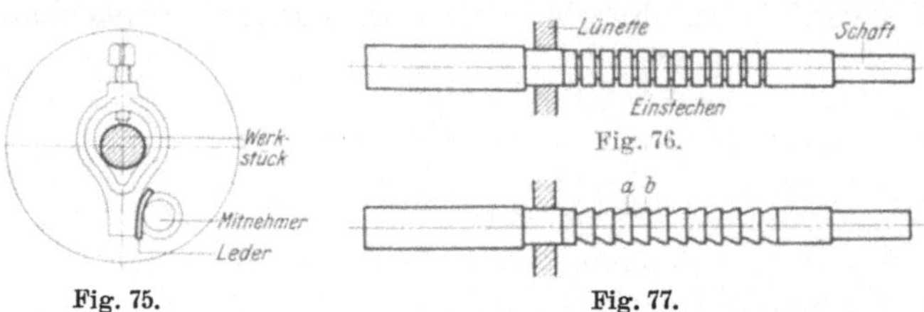

Fig. 75. Fig. 76. Fig. 77.

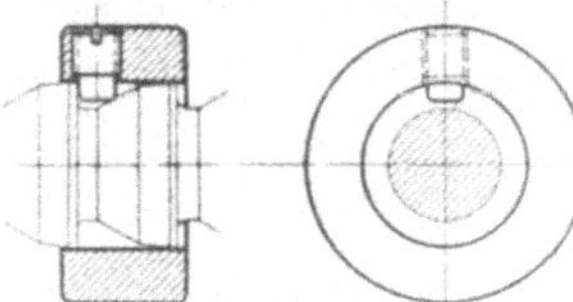
Fig. 78.

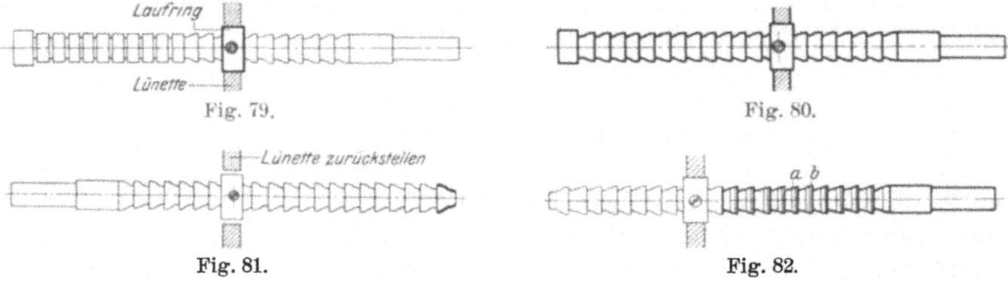

Fig. 79. Fig. 80. Fig. 81. Fig. 82.

haben sich als sehr praktisch erwiesen; sie sind, wenn sie bis auf die Bohrung fertig bearbeitet auf Lager gelegt werden, jederzeit schnell verwendbar. Hierauf wird die Lünette umgestellt und es wird nun die andere Seite bearbeitet: es wird der Außendurchmesser gedreht (Fig. 79), wobei auf die zylindrischen

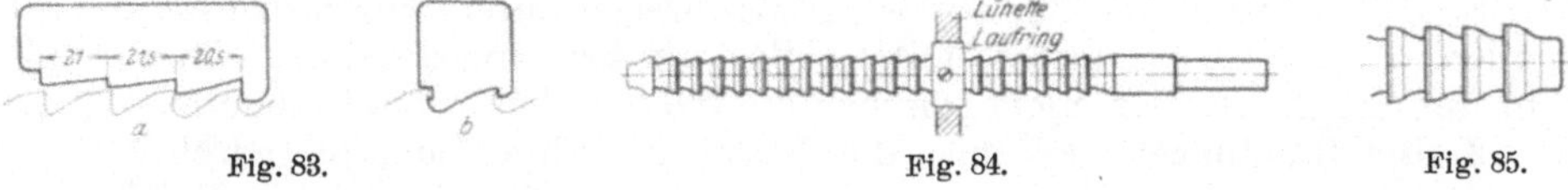

Fig. 83. Fig. 84. Fig. 85.

letzten Zähne keine Rücksicht genommen wird. Ebenso wird nach dem Anreißen die Zahnform vorgedreht (Fig. 80). Das Nadelende wird möglichst ohne Lünette gedreht (Fig. 81). Um die beim Schruppen entstandene Spannung auszugleichen, wird die Nadel nun geglüht und wenn nötig gerichtet. Unter Verwendung eines anderen Stellringes wird hierauf die Schaftseite fertig bearbeitet (Fig. 82), wozu eine Lehre nach Fig. 83a sehr zu empfehlen ist. Der Zahnrücken wird unter Verstellung des Supportes gedreht, ebenso die Zahnbrust; die weitere

Form wird mit Formstahl oder unter Benutzung einer Formlehre nach Fig. 83b angedreht. Nach dem Umstellen der Lünette (Fig. 84) wird auch die andere Seite auf diese Weise bearbeitet; dabei sind folgende Schleifmaße einzuhalten:

für den Außendurchmesser $= + 0{,}3 \div 0{,}5$ mm,

für die Zahnbrust $= + 0{,}2 \div 0{,}4$ mm.

Das Schleifmaß für den Zahnrücken ergibt sich von selbst.

Hierbei ist zu beachten, daß die letzten Zähne zylindrisch bleiben, was beim Fertigdrehen gleich zu berücksichtigen ist. Sie ließen sich zwar auch schleifen, doch würde die Schleifscheibe sich stark abnutzen. Die letzte Dreharbeit — nach Möglichkeit wieder ohne Lünette — ist das Fertigbearbeiten des Nadelendes (Fig. 85). Auf einer Nutenfräsmaschine wird das Keilloch gefräst (Fig. 86), hinterher werden die Spanbrechernuten eingefräst (Fig. 87), wobei die Nadel im Teilkopf aufgenommen und gut ausgerichtet wird. Da die Spanbrechernuten Zahn für Zahn versetzt sind, so wird z. B. der erste, dritte, fünfte, siebente usw. Zahn gefräst, so daß die Teilvorrichtung immer gleichmäßig verstellt werden kann, dann der zweite, vierte, sechste usw. Hierbei wird die Teilvorrichtung einmal um die Hälfte der vorher gekurbelten Löcher weitergedreht. Als Fräser dient ein gewöhnliches Metallsägeblatt. Es ist gewisse Vorsicht nötig, damit nicht in den nächsten Zahn hineingefahren wird; denn dann würden zwei Spanbrecher hintereinander entstehen, die beim Räumen schlechten Spanfluß verursachen, der unter Umständen zum Verstopfen der Spankammer führt.

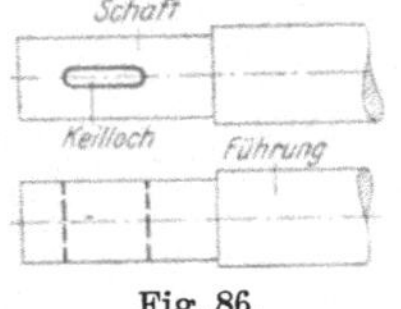

Fig. 86.

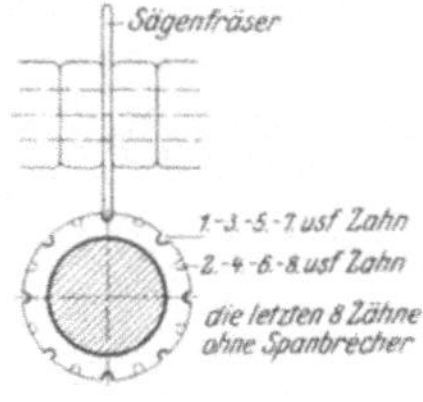

Fig. 87.

Sehr wichtig ist noch das Stempeln der Nadel. Jede Nadel ist unter allen Umständen mit einem genügend tief eingeschlagenen Stempel nach Fig. 88 zu versehen. Diese Vorschrift ist sehr wichtig, weil es immer wieder vorkommt, das zu lange Werkstücke geräumt werden, so daß die zu große Spanmenge keinen Platz in der Spankammer findet und die Nadel beschädigt. Sehr zu empfehlen ist die Verwendung einer Stempelmaschine oder eines Satzstempels, bei dem zum Nachstempeln genügend Platz gelassen ist. Tief genug eingeschlagen, so daß nach dem Fertigschleifen die Verwendungsgrenze noch klar und deutlich zu sehen ist, wird der Stempel seinen Zweck nie verfehlen. Sehr vorteilhaft ist es auch, die Schrift mit rotem Lack auszulegen; sie wird dadurch auffälliger. Dann wird die Nadel gehärtet und, wenn sie sich verzieht, gerichtet. Dieses Richten ist hier ganz besonders schwierig und ist nur von einem wirklich erfahrenen Facharbeiter richtig auszuführen. Nachstehend sind einige Kniffe angegeben, die beachtenswert sind: Die Körnerspitzenlöcher werden von Sand oder Zunder befreit, so daß die Räumnadel zwischen den Drehbankspitzen aufgenommen werden kann. Es ist dabei nicht notwendig, einen Mitnehmer zu benutzen, wenn die Laufspitze ölfrei und die feststehende Spitze mit Öl geschmiert wird. Die zwischen Laufspitze und Körnerloch auftretende Reibung genügt vollkommen, auch die schwerste Nadel mitzunehmen. Durch Anhalten von Kreide werden dann die verschiedenen Schlagstellen angezeichnet. Ist der Schlag einseitig, so wird Durchdrücken mit der Brechstange helfen. Das darf jedoch nicht zu weit getrieben werden, denn ein gehärtetes Werkstück von verhältnismäßig großer Länge ist schnell zerbrochen. Kann der Schlag nicht durch schwaches Drücken beseitigt werden, so gibt man auf das Werk-

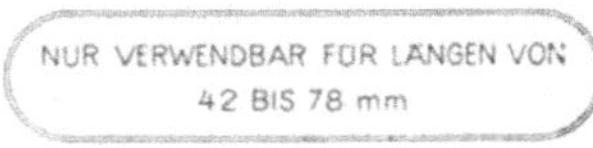

Fig. 88.

stück, solange dieses unter Druck steht, einige kurze Schläge mit dem Hammer, die ganz sicher helfen werden. Dabei ist nun zu beachten, daß ein zu weit herübergerichtetes Werkstück sehr vorsichtig wieder bis in die Gerade gedrückt werden muß, weil jeder Druck in umgekehrter Richtung das lange Stück noch viel weiter zurückfedern läßt, als es vorher war, und dann ist die Arbeit vergebens gewesen. Überhaupt ist jeder Schlag und Druck vorher genau zu überlegen, denn Schlagen und Drücken schaden dem Werkstück immer. Viel besser ist es, das Werkstück zu „dengeln", ein Verfahren, das häufig angewendet werden muß. Zu diesem Zweck wird das Werkstück mittels Brechstange (Fig. 89) nach der dem Schlag entgegengesetzten Seite unter leichten Druck gesetzt und mit der Hammerfinne durch ganz leichte, schnelle Schläge bearbeitet. Die Schläge müssen auf den Zahngrund gegeben werden, der nach dem Härten nicht mehr bearbeitet wird und deshalb die durch das Dengeln erzeugte Werkstoffspannung beibehält. Schläge auf den Rücken der Räumnadel sind zwecklos, weil nach dem Fertigschleifen das Arbeitsstück wieder krumm würde. Man sieht, wie vieles beim Richten zu beachten ist, wenn nicht durch einen unbedachten und unvorsichtigen Druck die ganze bisherige Arbeit vernichtet werden soll.

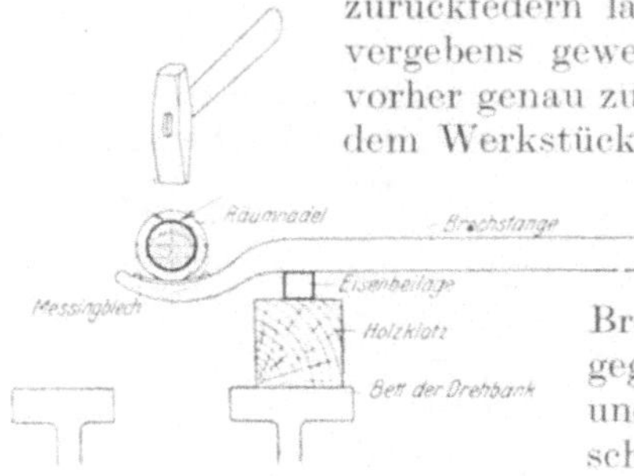

Fig. 89.

Nachdem nun durch diese Handarbeit das Werkstück zum Schleifen fertiggemacht ist, werden auf der Körnerspitzenschleifmaschine (Fig. 90) die Zentrierungen sauber geschliffen. Die Zentrumslöcher erhalten zweckmäßig gleich zu Anfang eine Schutzsenkung, damit sie immer einwandfrei bleiben und auch später bei einem notwendig werdenden Scharfschleifen oder Nachrichten stets unbeschädigt sind. Rund geschliffen wird auf einer normalen Rundschleifmaschine (s. Fig. 91), und zwar mit einem Gegenlager. Ungefähr in der Mitte der Nadel wird ein Zahn freilaufend rund geschliffen, wobei am besten das Fertigmaß dieses Zahnes noch nicht erreicht wird. Dieser Zahn dient als Lauffläche für das Widerlager, das unter Zwischenlegen eines Lederstückchens leicht angestellt wird. Es ist nun nicht richtig, die Gesamtlänge der Nadel, also alle Schneiden durchlaufend zu schleifen; richtig ist vielmehr, die Zähne einzeln zu bearbeiten. Dabei wird mittels Schraublehre die Steigung der Nadel von Zahn zu Zahn genau nachgemessen. Auf derselben Maschine wird auch der Rücken der Zähne geschliffen (Fig. 92). Vorteilhaft ist es, anstatt den Schleiftisch zu verstellen, den Scheibenbock um den entsprechenden Winkel zu schwenken. Als Anhaltspunkt beim Rückenschleifen ist die Breite der Führungs-

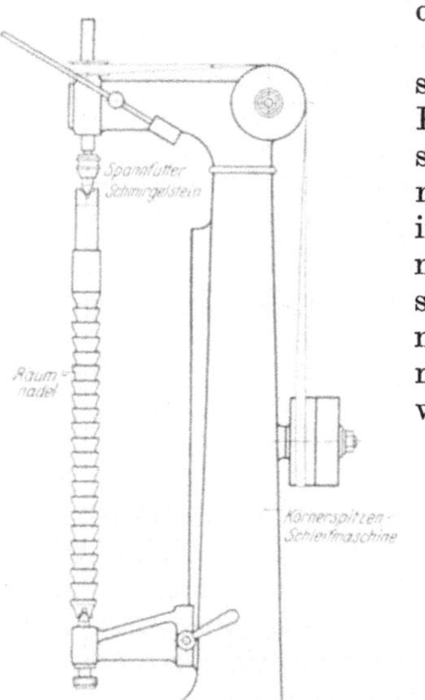

Fig. 90.

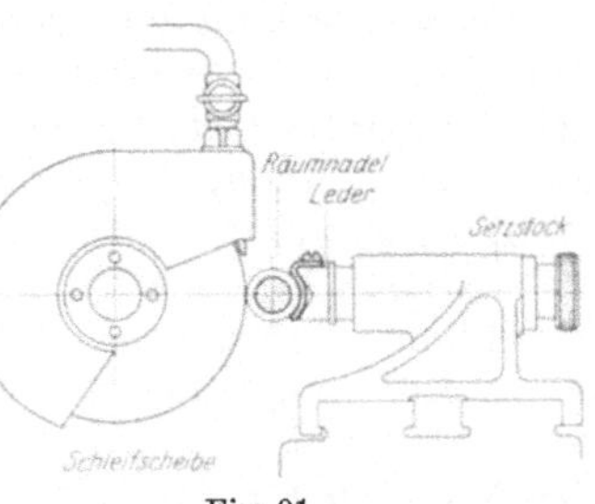

Fig. 91.

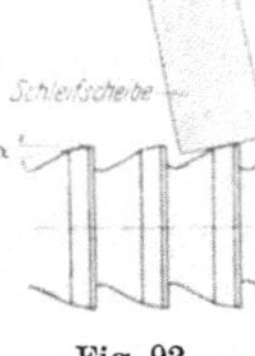

Fig. 92.

fase zu wählen, unter Beachtung des Schleifmaßes der Zahnbrust. Die Zahnbrust wird als letzter Arbeitsgang auf einer Scharfschleifmaschine geschliffen (Fig. 93). Die Anwendung einer Topfscheibe ist nicht ganz einwandfrei, jedoch in Ermangelung eines anderen Schleifverfahrens allein möglich. Es ist hier besonders auf die richtige Wahl der Schleifscheibe zu achten: sie darf einerseits nicht zu klein sein, weil sie dann mit dem Innenrande schleifen würde, andererseits muß sie aber stets kleiner als der doppelte Radius (Fig. 94) $r$ sein, weil sonst die Scheibe mit dem ganzen Bogen $a$—$b$ schleift und unnötige Erhitzung hervorruft. Muß die Scheibe aber der Umstände halber größer gewählt werden, so ist der entstehende Brustwinkel genau zu beachten, weil er dann in der Regel auf Kosten der Teilung kleiner ausfällt als gewünscht. Hier hilft man sich, indem man den Schleifbock noch etwas weiter herumstellt, doch ist die Arbeit dann immer genau zu prüfen und die Maßhaltigkeit des Winkels zu untersuchen. Der Schleifscheibenverbrauch ist naturgemäß groß.

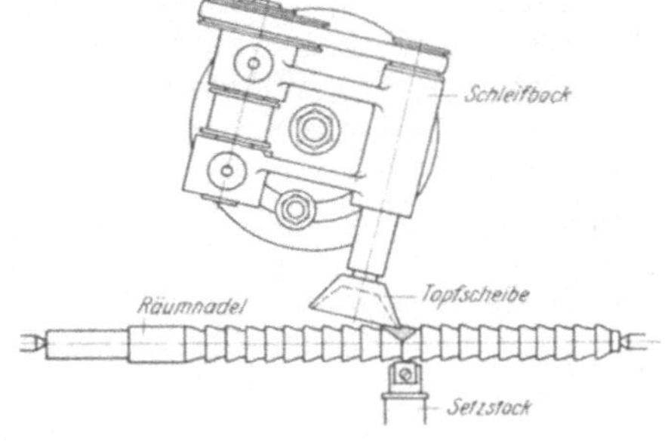

Fig. 93.

Die letzte Arbeit an der Rundnadel ist das Abziehen der Führungsfasen, das Fig. 95 vergrößert zeigt. Die Fase soll nach dem Zahnrücken zu ganz allmählich abnehmen. Das kann nun natürlich nicht nachgemessen werden. Diese Arbeit ist rein gefühlsmäßig so lange durchzuführen, bis Schleifmarkierungen nicht mehr zu sehen sind, was auch nur von einem geübten Facharbeiter richtig ausgeführt werden kann. Zum Schluß fährt man mit dem härtesten Abziehstein ganz leicht über die Schneidkante, wodurch der anhaftende Grat entfernt wird. Ein Zuviel hiervon schadet und stumpft die Schneidkante ab.

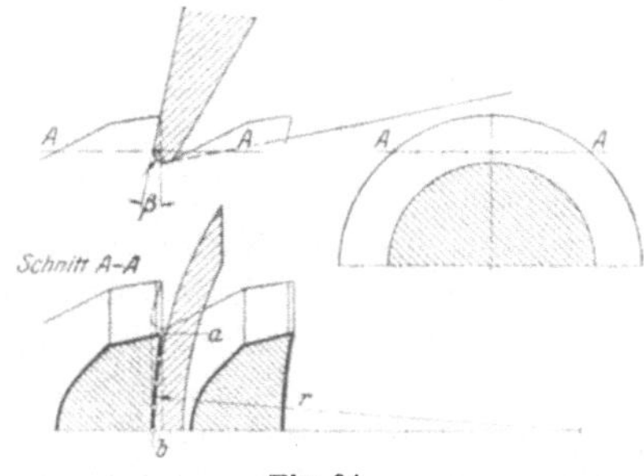

Fig. 94.

**3. Die Nutennadel.** Nutennadeln gibt es in verschiedenen Ausführungen, bedingt durch die verschiedene Anzahl der Nuten. Drei-, Vier-, Sechs- und Achtnutennadeln werden in der Reihenfolge bearbeitet, wie sie nachstehend für eine Viernutennadel angegeben ist.

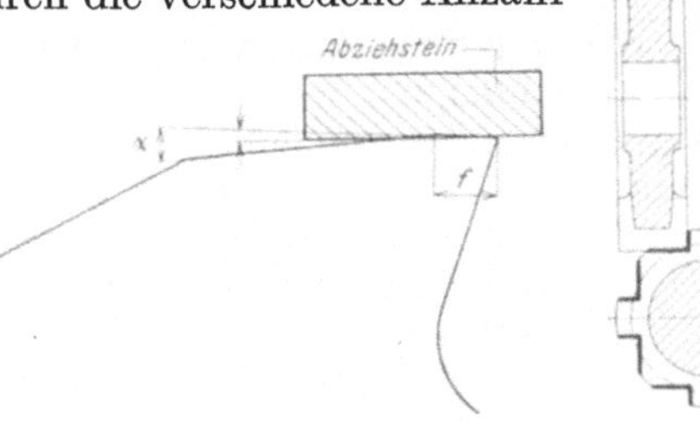

Fig. 95. Fig. 96.

Sämtliche Dreharbeitsstufen, einschließlich des Fertigdrehens, sind genau wie bei der Rundnadel. Dasselbe gilt für die Bearbeitung des Keilloches. Nunmehr wird die Nadel auf der Fräsmaschine in der Achsrichtung aufgespannt, was sehr genau geschehen muß, weil durch Schrägstellung auch nur einer Zahnreihe die Nadel unbrauchbar würde. Unter Beachtung des Schleifmaßes, das für jede Seite des Zahnes 0,25 ÷ 0,4 mm beträgt, wird die Nadel in der Längsrichtung gefräst (Fig. 96). Für Drei- und Viernutennadeln werden zweckmäßig zwei zusammengesetzte

Scheibenfräser normaler Ausführung, bei Mehrnutennadeln dagegen zusammengesetzte Winkelfräser benutzt. Es folgt das Ausfräsen der Führungen mit einem Formfräser (Fig. 97). Es ist vorteilhaft, nach der einen Seite der Führung erst die gegenüberliegende zu bearbeiten, weil dann besser gemessen werden kann. In beiden hier angeführten Fräsgängen ist mit einer Unterstützung zu arbeiten (Fig. 98), damit die Nadel nicht ausbiegen und vor allem nicht zittern kann. Für sehr lange Nadeln wendet man deren zwei an. Praktisch fängt man beim Fräsen am Ende der Nadel an, fräst vorläufig von jeder Zahnreihe nur den letzten Zahn und mißt diesen genau nach. Erst dann werden die Zahnreihen durchgefräst. Nach den Nutenbreiten und Führungen, die ebenfalls im Durchmesser 0,4 ÷ 0,6 mm Schleifmaß behalten müssen, werden in derselben Aufspannung die Spanbrechernuten gefräst. Sie werden versetzt angeordnet, je nach Nutenbreite zwei oder eine für den Zahn. Die letzten Zähne müssen ohne Spanbrecher sein, weil sonst in der geräumten Nute Längsriefen, die Abdrücke der Spanbrecher, stehenbleiben.

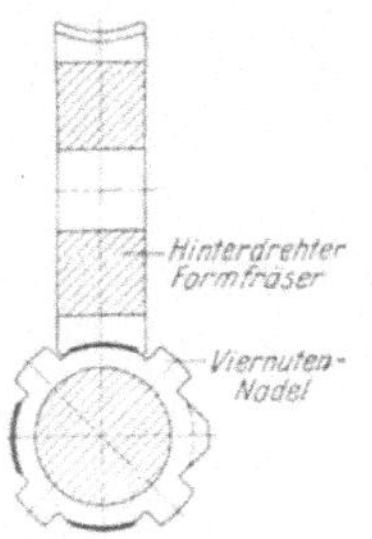

Fig. 97.

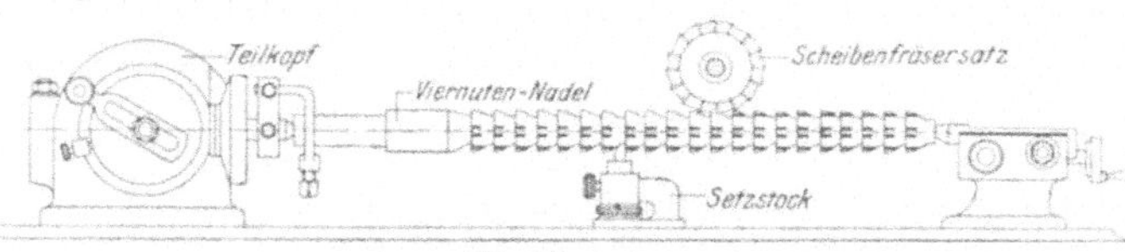

Fig. 98.

Nun wird die Nadel mit dem Grenzenstempel versehen, für das Härten und Richten gelten die früher erwähnten Regeln. Die Nutennadeln müssen ganz besonders sorgfältig erhitzt werden, damit die Spitzen der Zähne nicht verbrennen. Die Brust wird mit kegeliger Topfscheibe geschliffen, Rücken- und Zahngrund in derselben Weise wie bei der Rundnadel. Dann wird die Führung der Nadel geschliffen. Dabei ist, wie beim Fräsen, das Ausrichten der Nadel erste Bedingung. Mit einer einfachen, sehr weichen Scheibe wird die Führung geschliffen, und zwar im Strichverfahren (Fig. 99), das genauer und dem Schleifen mit ausgerundeter Schleifscheibe vorzuziehen ist. Wo dagegen an der Maschine eine genau ausgeführte Abdrehvorrichtung für Schleifscheiben angebracht ist, wird man vorteilhaft das Formschleifen wählen; doch ist es notwendig, nacheinander die gegenüberliegenden Seiten zu schleifen, damit ein etwa vorhandener Meßfehler noch ausgeglichen werden kann. Als letzte Maschinenarbeitsstufe werden dann die Zahnbreiten geschliffen (Fig. 100). Es ist besonders wichtig, erst von jeder Zahnreihe die eine Seite zu schleifen, und zwar gegebenenfalls die gegenüberliegenden Zahnseiten. Dabei sind auf jeder dieser Zahnreihen noch einige hundertstel Millimeter stehen zu lassen, damit die Teilung erst ganz genau geprüft werden kann. Erst nachdem man sich überzeugt hat, das sie stimmt, schleift man die Seitenflächen unter ganz geringer Spanzustellung fertig, damit die Räumnadel nicht zu sehr erhitzt wird. Ist diese Seite der Nadel richtig, so wird die andere Seite fertiggeschliffen, auch mit ganz leichten Spänen. Die Zahnstärke kann jetzt mit der Schraublehre gemessen werden. Die noch auszuführenden handwerksmäßigen Arbeiten sind im Anschluß hieran zu erledigen, und zwar in derselben Weise und Reihenfolge wie bei der Rundnadel.

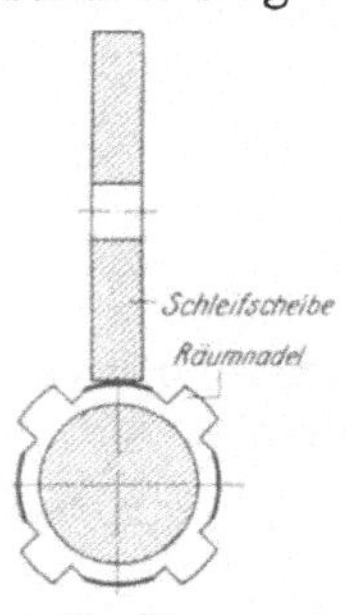

Fig. 99.

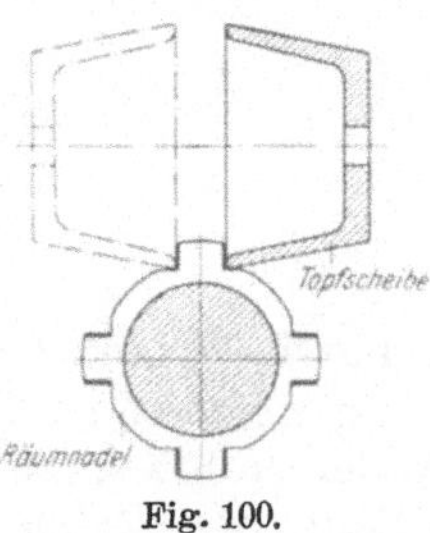

Fig. 100.

**4. Die Flachnadel.** Flachnadeln werden in der Regel vorgeschmiedet. Ist der Schaft rund, so wird er zunächst angedreht. Hierauf werden Querschnitt und Steigung angerissen und die vier Seitenflächen bearbeitet, und zwar am besten bei kleinen Nadeln auf der Fräsmaschine, bei großen auf der Langhobelmaschine. Jetzt wird die Teilung angerissen, wobei zu beachten ist, daß die Zähne auf der einen Seite entgegengesetzten Anstellwinkel bekommen. Die Zahnform wird dann ausgehobelt oder gefräst, und die Spanbrechernuten werden eingefräst, und zwar in der Achsrichtung, am besten vom Zahnrücken her, damit die Ecken der Nuten nicht beschädigt werden. Die nächste Arbeitsstufe ist das Einfräsen des Keilloches. Dann wird die Nadel gestempelt und gehärtet und, wenn nötig, auf der Richtplatte gerichtet.

**5. Die Drallnadel.** Die Drallnadel wird genau wie die Rundnadel behandelt. Beim Fräsen des Dralles wird zuerst die eine Seite, dann die andere Seite der Zahnbreite gefräst. Hierbei sind entweder doppelseitige Winkelfräser bei einfachen Nuten oder entsprechende Formfräser zu verwenden. Nach dem Härten und Richten werden die Zahnbrüste, die Fasen und die Zahnrücken, dann die Zahnbreiten bzw. die Form der Zahnreihen geschliffen. Hier muß mit einer Tellerscheibe gearbeitet werden, da die Seiten der Zähne gewundene Flächen sind, die von einer einfachen, geraden Scheibe überschnitten würden. Auch hier ist gegebenenfalls erst die eine Seite des Zahnes zu schleifen, und nach mehrmaligem Umschlagen zur Erzielung einer genauen Teilung, die andere Zahnseite zu bearbeiten. Überhaupt ist es vorteilhaft, an jeder Zahnreihe nur einen Strich zu schleifen, dann mit derselben Zustellung die nächste Zahnreihe usw., bis alle Seiten fertig sind; dann wird wieder bei der ersten Spirale zugestellt und wieder einmal herumgeschliffen usw., bis sämtliche Zahnreihen auf einer Seite fertig sind. In derselben Weise werden dann die anderen Zahnseiten bearbeitet. Diese Teilarbeit ist sehr schwierig und erfordert ständige Kontrolle. Etwa einzuarbeitende Spanbrechernuten müssen in Richtung des Dralles liegen. Werden sie in der Achsrichtung eingefräst, so drücken sie und beschädigen die Nadel.

**6. Die Glättnadel.** Sie wird in derselben Weise bearbeitet wie jede andere Nadel. Da Glättnadeln besonders für runde Bohrungen in Betracht kommen, so können sie auf der Drehbank bearbeitet werden. Die Glättzähne werden wie nachstehend angegeben bearbeitet. Der Außendurchmesser der einzelnen Zähne wird mit Schlichtstahl fertiggedreht. Sehr zu empfehlen ist dabei ein „Gänsehals“ (Fig. 101), dessen etwa zu starke Federung durch ein Stückchen Leder zwischen dem Federbogen des Stahles gemildert werden kann. Zuführung von Seifenwasser ist erforderlich, da sonst der Stahl ausbricht und unsauber arbeitet. Nach dem Härten wird mit Polierholz (Fig. 102) der Hochglanz erzeugt. Dabei wird in der nachstehenden Reihenfolge gearbeitet: zuerst wird mit feinem Schmirgel und Öl der Zahn vorgeschliffen, was so lange fortzusetzen ist, bis die Spuren der Feuerbehandlung nicht mehr zu sehen sind (dabei ist auf das Fertigmaß der Zähne zu achten, das nach dem Vorschleifen ein Übermaß von 0,05 mm auf-

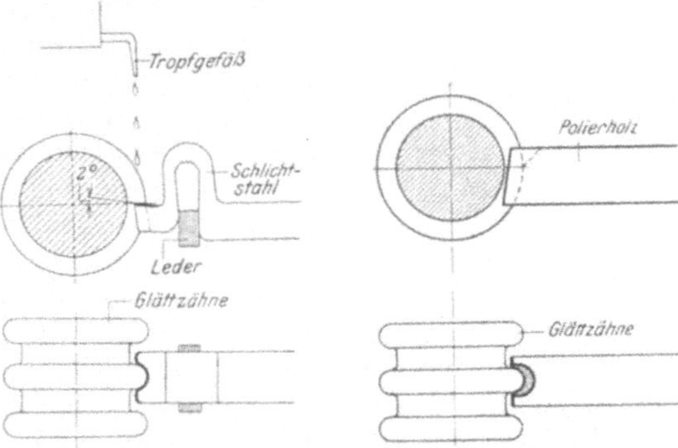

Fig. 101. Glättzahn drehen. Fig. 102. Glättzahn polieren.

weisen muß). Hierauf wird das Schleifholz gesäubert und mit Staubschmirgel und Öl nachgeschliffen; darauf werden mit Schwefelblüte und Öl die Glättzähne vorpoliert, und dann wird mit einem Lederstückchen, am besten Seehundsleder, unter Zugabe von Polierrot der Hochglanz erzeugt. Es ist ganz besonders wichtig, diese Politur auf das sauberste auszuführen und jeden etwa vorhandenen Riefen zu entfernen, da sonst beim Glätten der Werkstücke Werkstoff abgeschoben wird, der zwischen Glättzahn und Werkstückbohrung gequetscht wird und hier sich festfrißt. Dann ist aber der Zahn meist so beschädigt, daß er nicht mehr ausgebessert werden kann.

Unter Beachtung des Vorstehenden ist es möglich, brauchbare Räumnadeln herzustellen. Die Schwierigkeiten dürfen jedoch nicht verkannt werden. Sind geeignete Maschinen und Werkzeuge und besonders eine ausgezeichnete Härterei nicht vorhanden, so ist es unter allen Umständen besser, die Räumnadeln von einer Sonderfirma herstellen zu lassen, deren es eine ganze Reihe gibt.

# VII. Die Prüfung der fertigen Räumnadel.

## A. Kontrolle durch Messung.

Die fertigen Räumnadeln müssen auf das genaueste geprüft werden.

Rundnadeln und alle solche, die durch Dreh- oder Rundschleifbearbeitung geformt wurden, sind auf Rundlaufen zu prüfen zwischen Spitzen auf dem Fühlhebel (Minimeter, Meßuhr) nach Fig. 103. Wenn die Räumnadel schlägt, was jedoch nur in seltenen Fällen vorkommt, muß sie gerichtet werden. Ein geringer Schlag, je nach Durchmesser bis zu 0,05 mm, ist belanglos, größere Krümmungen verursachen jedoch ungenaue Löcher, bei runden Nadeln z. B. werden die Löcher oval.

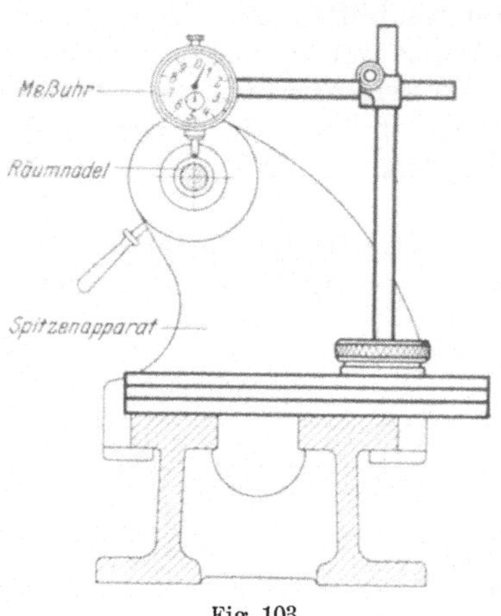

Fig. 103.

Die Zahnteilung ist auf Ungleichheit zu prüfen. Vorhandene gleiche Teilungen sind nachzuarbeiten, damit Rattermarken beim Räumen vermieden werden.

Der Schaft der Räumnadel ist auf Maßhaltigkeit zu untersuchen. Er muß leicht in die Aufnahmebüchse hineinpassen. Das Keilloch oder die Mitnehmerflächen sind auf vorhandene scharfe Einkerbungen und Anfeilungen zu untersuchen, da gewöhnlich an derartigen fehlerhaften Stellen die Nadeln reißen.

Die Führung der Räumnadel muß mit „Laufsitz“ in das vorgearbeitete Loch hineinpassen. Hierbei ist zu beachten, daß der erste Zahn bereits mit zur Führung gehört, also mit in das Werkstück hineingehen muß.

Ferner ist zu prüfen, ob der Stempel nach Fig. 88 vorhanden ist und ob die aufgeschlagenen Lochlängen stimmen. Fehlt die Stempelung, kann sie noch nachträglich durch elektrischen Signierapparat aufgebracht werden. Undeutliche Stempel sind zu verbessern, doch darf die Sauberkeit der Führung nicht beeinträchtigt werden, denn sonst gibt es beim Proberäumen Anfressungen.

Die Steigung der Nadel ist auf ihre Gleichmäßigkeit zu prüfen. Dabei ist Zahn für Zahn zu messen. Jede Abweichung muß verbessert werden.

Bei einer Keilnutennadel ist nicht nur die Breite der Schneiden auf Gleichmäßigkeit zu untersuchen, sondern auch deren Parallelität mit dem Räumnadelrücken, der als Führung dient. Fig. 104 zeigt die Kontrolle durch Endmaß. Abweichungen sind hier nicht zulässig, denn Bruch der Nadel wäre die Folge, zumindesten aber unerwünschte Breite der geräumten Nute.

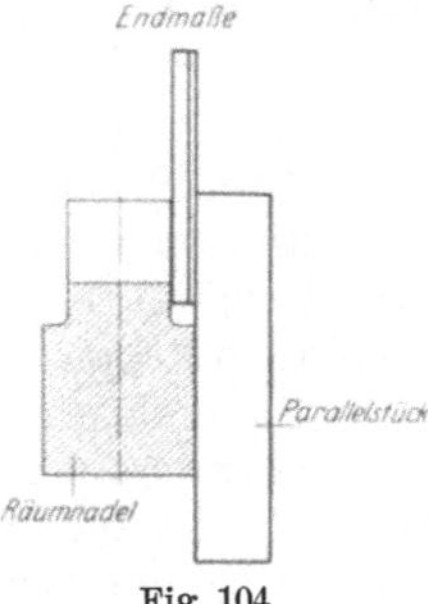

Fig. 104.

Mehrnutennadeln sind auf genaue Teilung der Nuten zu prüfen. Kann diese innerhalb gewisser Grenzen liegen, so sind diese einzuhalten. Die Parallelität der Mittellinie muß aber unter allen Umständen gewahrt bleiben. Geprüft wird sie mit Meßuhr oder Minimeter (Fig. 105). Die Räumnadel ist dabei im Spitzenapparat aufzunehmen, so daß die Seitenfläche der zu prüfenden Zahnreihe wagerecht liegt. Dann muß der Zeigerausschlag der Meßuhr am Anfang wie auch am Ende der Räumnadel gleich sein. Meßbare Abweichungen sind nicht zulässig, wenn Genauigkeit des Werkstückes verlangt wird.

Dann ist zu prüfen, ob die vorgeschriebene Anzahl Zähne am Ende der Nadel dieselben Abmessungen haben. Diese sind genau festzulegen und aufzuschreiben, da sie beim Proberäumen von Wichtigkeit sind. Von der Anzahl der Zähne hängt bis zu einem gewissen Grade die Lebensdauer der Nadel ab. Auch bei später notwendig werdender Neuanfertigung sind die Maße gut brauchbar, da dann weniger Nacharbeit erforderlich ist. Brust- und Rückenwinkel sind auf Maßhaltigkeit mit dem Winkelmesser zu prüfen, ebenso auf Gleichheit untereinander. Die Brustfläche ist besonders auf Feinheit des Schliffes zu untersuchen: grober Schliff, etwa hervorgerufen durch Schleifen mit zu harter Scheibe, ist unter allen Umständen zu vermeiden bzw. zu verbessern. Auch die Abrundung am Fuße der Zähne ist auf Sauberkeit zu prüfen; besonders darf an der Abrundung kein Ansatz sein, da sich sonst die Späne stauchen und die Nadel beschädigen. Scharfe Dreh- und Schleifriefen sind unzulässig. Es ist besser, sie herauszuschleifen und dabei auf sanfte Übergänge zu sehen; der so verringerte Querschnitt ist dann erfahrungsgemäß immer noch haltbarer als der scharf eingekerbte. Die Fasen müssen alle gleiche Breite haben.

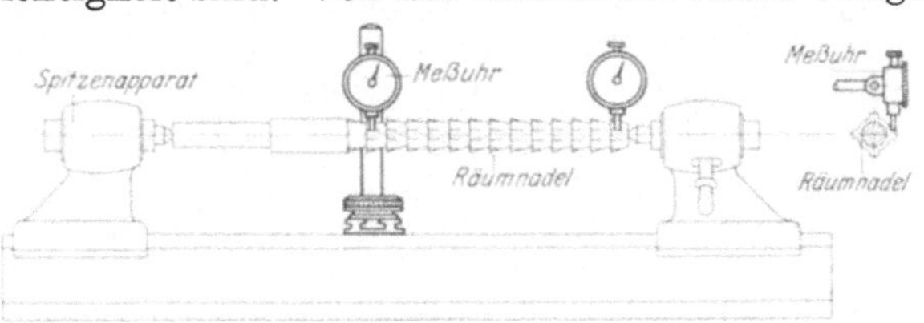

Fig. 105.

Die Räumnadel ist, sofern dies nicht schon früher geschehen ist, auf Härte- und Schleifrisse zu untersuchen. Ob richtige Härte vorhanden ist, muß bereits vor dem Schleifen festgestellt werden. Man bedient sich dabei einer feinen Schlichtfeile und probiert, ob diese die Räumnadel angreift. Auch nach dem Schleifen wird die Härte nochmals geprüft, da sie ja während des Schleifens durch unzulässige Erwärmung verringert sein kann.

Weiter ist zu prüfen, ob die Spanbrechernuten richtig gegeneinander versetzt sind, damit die Zähne beim Räumen nicht überbeansprucht werden. Für die letzten Schneidezähne, mindestens aber für die Glättzähne, fallen die Spanbrechernuten fort, da sonst Markierungen in der geräumten Bohrung entstehen.

Die Glättnadeln sind in derselben Weise zu untersuchen. Hier ist besonders auf die Feinheit und den Hochglanz der Politur Wert zu legen, da der geringste Riefen beim Räumen oder Glätten zum Fressen Veranlassung geben kann. Unter Umständen wird dann der betreffende Zahn überhaupt unbrauchbar.

Ist die Untersuchung beendet und sind die gefundenen Mängel beseitigt, so kann das Proberäumen beginnen.

### B. Kontrolle durch Proberäumen.

Zum Proberäumen sind einige Werkstücke erforderlich. Sind diese nicht zu erhalten oder vielleicht auch zu teuer zum Verschrotten, so werden Ersatzstücke aus Originalwerkstoff verwendet. Diese müssen dann in bezug auf die Bohrung genau so vorgearbeitet sein wie die endgültigen Werkstücke.

Beim Räumen ist mit äußerster Vorsicht zu verfahren. Um die Räumnadel von vornherein nicht zu stark anzustrengen, werden zuerst die Werkstücke der kleinstzulässigen Länge geräumt. Je nach dem Ausfall des Probezuges läßt man die Länge der Werkstücke zunehmen, bis sie das höchstzulässige Maß erreicht hat.

Nur in seltenen Fällen ist die Räumnadel nach dem ersten Probezug bereits als einwandfrei anzusprechen. Es bedarf fast immer noch mannigfacher Abänderungen, bis saubere und genaue Arbeit erzielt wird. Hier sind natürlich Sonderfirmen vermöge ihrer großen Erfahrungen sehr im Vorteil: sie sind zumeist in der Lage, die Fehler gleich zu erkennen und zu beseitigen. Beim Proberäumen ist besondere Beobachtungsgabe erforderlich, denn sie kann die durch Nacharbeit entstehenden Kosten erheblich verringern.

Im nächsten Abschnitt sind einige verunglückte Werkstücke gezeigt, und es ist versucht, die Fehler klarzulegen.

Das Kalibrieren der Räumnadel erfordert Genauigkeit. Nachdem das Werkstück sowohl, als auch die Nadel durch einen Riß oder Kreidestrich bezeichnet sind, räumt man das Loch. Durch Messung ist es möglich, die Abweichung vom Sollmaß genau festzustellen. Es ist erforderlich, die Kalibrierzähne von vornherein mit geringem Übermaß herzustellen, so daß die Nacharbeit ohne große Schwierigkeiten möglich ist. Am besten arbeitet man hier mit dem Ölstein, bis das notwendige Maß erreicht ist. Die Maße der Nadel sind vor jedem Probezug festzulegen und dann mit der geräumten Bohrung zu vergleichen. Man gewinnt dadurch gute Anhaltspunkte, die immerhin auch bei der Herstellung anderer Nadeln sinngemäß verwendet werden können.

## VIII. Fehlerhafte Räumnadeln.

Nachstehend werden einige Werkstücke gezeigt, die mit fehlerhaften Räumnadeln bearbeitet sind. Auch werden andere Fehler besprochen, die beim Räumen vorkommen können.

Fig. 106. Versetztes Vierkantloch.

Das Werkstück Fig. 106 ist ein verunglückter Vierkant. Räumnadeln für Vierkante mit abgerundeten Ecken werden so ausgeführt, daß sie Spanzunahme nur in den Ecken haben (s. Fig. 33).

Der Vorgang beim Verlaufen der Nadel mag folgender gewesen sein: die ersten Zähne sind durchgelaufen, als aus einem nicht ersichtlichen Grund eine Verschiebung des Profils in Richtung des Pfeils 1 beginnt. Nachdem die Räumnadel noch um einige Zähne weiter gelaufen ist, macht sich auch eine Verschiebung in Richtung des Pfeils 2 bemerkbar, die jedoch bald, zusammen mit der ersten Verschiebung, aufhört, so daß die Räumnadel in dieser verschobenen Stellung das Profil fertigräumt.

Was kann nun die Ursache dieses Mißerfolges sein? Da die Räumnadel durch Drehen und Schleifen geformt ist, die Schneidenwinkel also alle gleich sind, kommen hier Mängel nicht in Betracht. Allem Anschein nach müssen die Zähne auf den entsprechenden Seiten der Nadel stumpf gewesen sein, denn nur so läßt sich dieses Abwandern erklären. Diese Annahme kann leicht nachgeprüft werden, denn durch Befühlen der einzelnen Schneiden mit den Fingerspitzen läßt sich feststellen, ob die entsprechenden Zähne scharf oder stumpf sind. Entsprechende Nacharbeit mittels Ölstein kann den Fehler beseitigen.

Der Mißerfolg der (Fig. 107 und 108) läßt sich dagegen auf einen Konstruktionsfehler der Räumnadel zurückführen. Fig. 107 zeigt die Einlaufseite, Fig. 108 die Auslaufseite einer Stahlbüchse mit Innenverzahnung. Es ist, besonders an der Auslaufseite, zu sehen, wie die Räumnadel den Werkstoff zerdrückt hat, so daß er an beiden Seiten des Loches hervortrat. Dieser Fehler hat seine Ursache in schlechtem Spanabfluß, woraus erhellt, wie richtig es ist, daß die abgehobenen *Späne so schnell* wie möglich von der *Schneide* abgeführt werden. Das wurde hier durch einen Denkfehler bei der Konstruktion der Nadel verhindert: anstatt die Nadel die Lücken nach $B$ (Fig. 109) ausarbeiten zu lassen, hat man von vorn herein das Profil der Zähne nach $A$ zu räumen versucht, was natürlich zu diesem Mißerfolg führen mußte. Die Späne der Zahnflanken konnten sich nicht entwickeln, rollten vielmehr gegeneinander und verstopften die Spankammer. Da immer neuer Werkstoff hinzufloß, für Abfuhr aber nicht gesorgt wurde, preßten sich die Späne, und zwar so stark, daß die Wandung der Stahlbüchse beiseite gedrückt wurde und am Ein- und Auslauf herausquoll. Es kann hiernach als Regel gelten, daß die *Steigung der Nadel nur radial zu nehmen* ist.

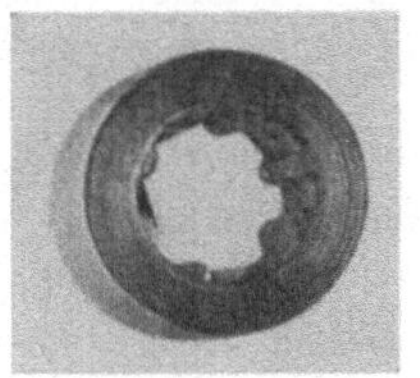

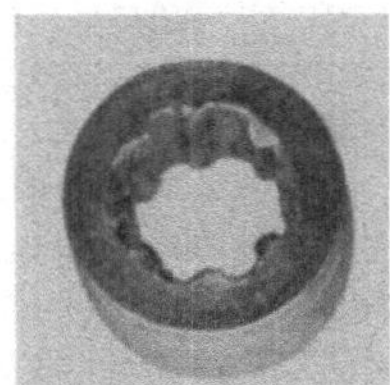

Fig. 107 und 108. Ein- und Auslaufseite.

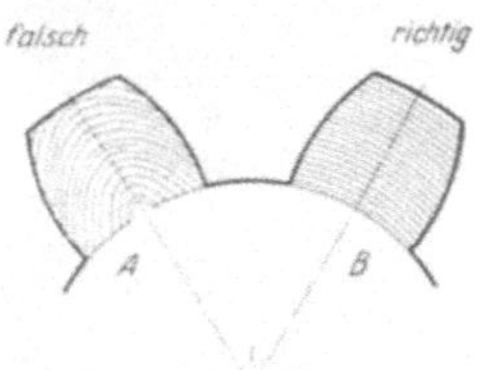


Fig. 109.

Die Räumnadelarbeiten werden meist von *angelernten Leuten ausgeführt*. Wenn auch die nötigen Handgriffe keine schwierigen Überlegungen verlangen, so darf doch nicht gedankenlos gearbeitet werden. Daß sonst Beschädigungen der Räumnadel vorkommen können, soll an Fig. 110 gezeigt werden. In die abgebildete Hülse soll mit zwei Räunmadeln ein Vierkant eingeräumt werden. Die Hülsen werden in größeren Reihen hergestellt und alle erst mit einer, dann mit der anderen Nadel bearbeitet. Aus irgendeinem Grunde kam die abgebildete Hülse, nachdem sie den ersten Arbeitsgang hinter sich hatte, wieder zu dem Stapel der ungeräumten Werkstücke und wurde später nochmals mit der ersten Nadel bearbeitet. Zufällig hatte der bedienende Arbeiter den Fehler nicht bemerkt, ebenso zufällig wurde auch das

Fig. 110. Werkstück zweimal geräumt.

Werkstück zum ersten Zug um 45° versetzt auf die Führung der Räumnadel gesteckt, so daß es nicht auf die Verzahnung fallen konnte. Nachdem die Räummaschine eingerückt war, räumten die Zähne genau neben den ersten Vierkantecken, was zur Folge hatte, daß die Führung der Nadel in der Bohrung nach ganz kurzer Laufstrecke verlorenging und das Werkzeug abwanderte. Dabei bildeten sich auf der einen Seite sehr starke, auf der anderen Seite dagegen kaum merkliche Späne. Am Arbeitsgeräusch der Maschine merkte der Arbeiter, daß etwas nicht in Ordnung war, und rückte diese aus. Nachdem man die Räumnadel durch zwei Sägenschnitte von dem Werkstück befreit hatte, kam der Fehler zutage. Es ist aus der Figur deutlich zu ersehen, wie sich auf der einen Seite schwache, auf der anderen sehr starke Späne bildeten.

Durch Unachtsamkeit war die Nadel sehr stark in Gefahr geraten, denn sie wäre beim Weiterlaufen zerbrochen. Als geringste Forderung kann gelten, daß der bedienende Arbeiter vorm Zusammenstecken von Werkstück und Nadel die Bohrung ansieht, denn auch in der Bohrung hängende Späne können zu Fehlern Anlaß geben.

Eine weitere unerläßliche Forderung beim Räumen ist es, in der Wahl der Werkstoffe der Werkstücke vorsichtig zu sein. In der Reihenherstellung kommt es öfters vor, daß Ersatzwerkstoff ausgegeben wird, weil der vorgeschriebene nicht mehr auf Lager ist oder nicht ausreicht. Werkstoffwechsel gefährdet die Räumnadel, denn wenn auch der Ersatzwerkstoff die gleiche Zerreißfestigkeit hat, so ist doch fast immer mit anderen Dehnungszahlen zu rechnen. Diese aber sind hauptsächlich maßgebend für die Bestimmung der Schnittwinkel der Räumnadelzähne. Fig. 111 zeigt einen Fehler, der auf unterschiedliches Material zurückzuführen ist. Hier handelt es sich um eine „weiche“ Stelle im Werkstoff. Nachdem eine große Menge dieser Werkstücke geräumt waren, zeigte sich an dem abgebildeten Werkstück die Abquetschung des Werkstoffes. Die Räumnadel lief zwar durch, machte aber das Arbeitsstück zu Ausschuß. Die anfängliche Annahme, daß die Nadel stumpf sei, erwies sich als unrichtig, da die Untersuchung allseitig scharfe Zähne ergab. Durch Kugeldruckprobe konnte der oben angeführte Werkstoffehler festgestellt werden. Die weiche Stelle des Werkstückes hätte größeren Brustwinkel der Schneidezähne erfordert, damit die Späne rollen konnten, wie vorgesehen war. Der Vorgang beim Räumen wird ungefähr folgender gewesen sein: da der Werkstoff an der weichen Stelle nicht in einer Locke zerspant wurde, sondern sich infolge des für diese Stelle falschen Brustwinkels in Brocken abhob, verstopften diese die Spankammern und drückten auf den betreffenden Zahn. Immer aufs neue hinzukommende Späne erzeugten zuletzt so starken Druck, daß der Zahn um einen ganz geringen Betrag zurückgebogen wurde, die Spanstärke also weiter zunehmen mußte, wodurch wiederum größere Spanmengen zugeführt wurden, die von der Spankammer nicht aufgenommen werden konnten. Da natürlich jede weitere Spanzufuhr die auf den Zahn und die Wandung drückenden Kräfte vergrößerte, mußte schließlich der Werkstoff nachgeben und mitgehen, wobei die aus Fig. 111 zu ersehenden Spuren zurückblieben.

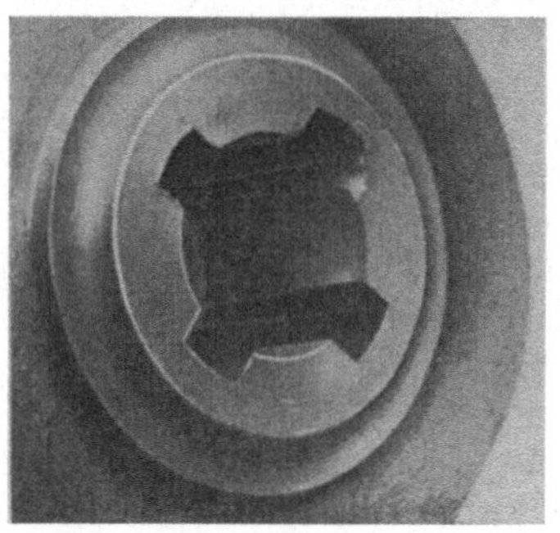
Fig. 111. Werkstoffehler.

Die Räumnadel, die das Werkstück Fig. 112 und 113 bearbeitete, hatte ungefähr denselben Fehler wie die zu Fig. 107 und 108 beschriebene. Auch hier ist infolge eines Konstruktionsfehlers der letzten Nadel der Werkstoff herausgerissen und beiseitegequetscht worden.

Fig. 112 zeigt die Auslaufseite in Ansicht, Fig. 113 einen Sägenschnitt durch die beschädigte Bohrung. Es ist deutlich zu erkennen, daß die Räumnadel anfangs, solange die Späne wenig gehindert abfließen konnten, gut arbeitete, bis eine Verstopfung eintrat, die den Werkstoff in immer größer werdenden Stücken herausriß. Die Nadel war so ausgeführt, daß alle vier Seiten des Rechteckes zugleich schnitten, die Späne also allseitig abgenommen wurden. Die Verzahnung hätte hier so ausgeführt werden müssen, daß z. B. alle Zähne mit geraden Zahlen an der kurzen, alle Zähne mit ungeraden Zahlen dagegen an der langen Rechteckseite Spanzunahme hatten, wie aus Fig. 35 zu erkennen ist.

Fig. 112. Auslaufseite.

Bei den bisher besprochenen Werkstücken konnte die Räumnadel immer noch durchgezogen werden. Für die Nadel gefährlicher aber sind die Fälle, bei denen die Maschine nicht mehr in der Lage ist, wegen des abnorm gesteigerten Widerstandes, den Arbeitsgang fertigzuziehen, also hängenbleibt. Ist die Maschine andererseits stark genug, die Zerspanungskraft doch zu überwinden, so ist die Nadel direkt in Gefahr und wird möglicherweise zerrissen. Die Fälle, bei denen das Werkstück auf der Nadel sitzenbleibt, sind mit

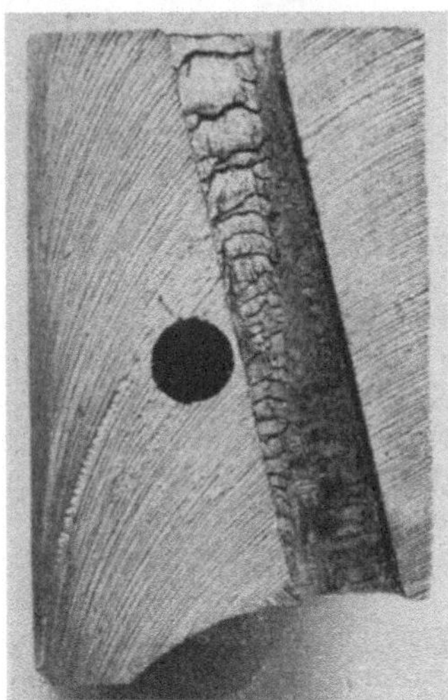
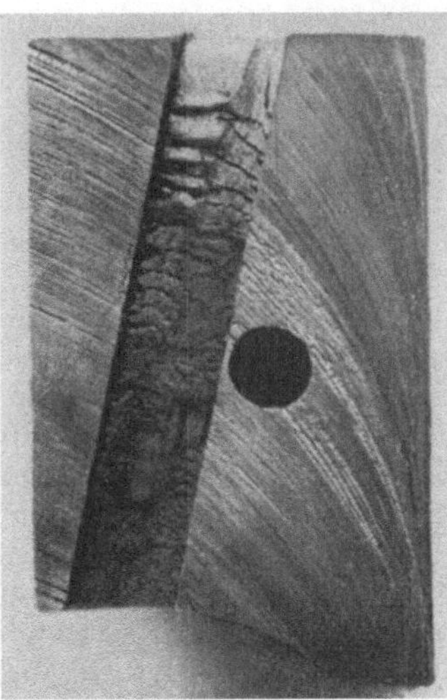
Fig. 113. Sägenschnitt durch die Bohrung.

besonderer Vorsicht zu behandeln. Vor allen Dingen ist das Aufstauchen der Nadel nunmehr zu vermeiden, denn die hierdurch vergrößerte Spannung kann gerade genügen, den Bruch herbeizuführen. Man schneide vielmehr das Werkstück mittels Sägeblatt auf einer Fräsmaschine auf, und zwar so, daß die getrennten Teile unter Berücksichtigung der noch hängenden Spanrollen abgenommen werden können. In den meisten Fällen ist dies durch zwei

Sägenschnitte wie in Fig. 114 möglich. Hierzu wird das Werkstück im Schraubstock festgespannt und so ausgerichtet, daß die Zahnschneiden genau wagrecht liegen. Beim Durchsägen ist zu beachten, daß das Sägeblatt den Werkstoff nicht ganz durchtrennt: man läßt vielmehr noch einige zehntel Millimeter über den Zahnspitzen stehen, so daß diese nicht beschädigt werden können. Sind beide Seiten des Werkstückes eingesägt, dann treibt man einen keilartigen Gegenstand, etwa einen Meißel oder Schraubenzieher, in den Sägenschlitz, so daß die kleine Sicherheitsbrücke zerrissen wird. Hiernach läßt sich das Werkstück meist anstandslos abnehmen. Man vergesse nicht, die Stellung der Nadel zum Werkstück vorher, etwa durch Kreidestrich, zu bezeichnen, denn dieses ist zum leichteren Auffinden des Fehlers sehr vorteilhaft.

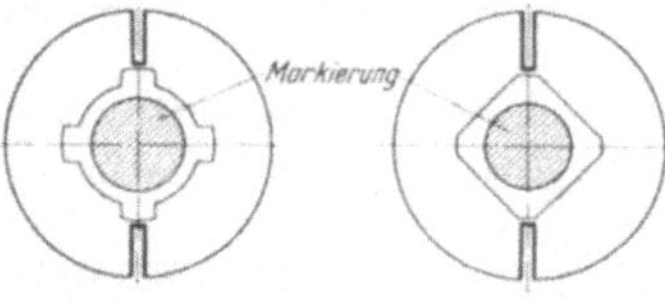

Fig. 114.

Ein verunglücktes, durch Aufsägen von der Räumnadel befreites Werkstück ist in den Fig. 115 und 116 gezeigt. Diese Kegelradrohlinge werden in Reihen gefertigt; sie werden mit Spiralbohrer vorgebohrt und dann auf der Drehbank innen

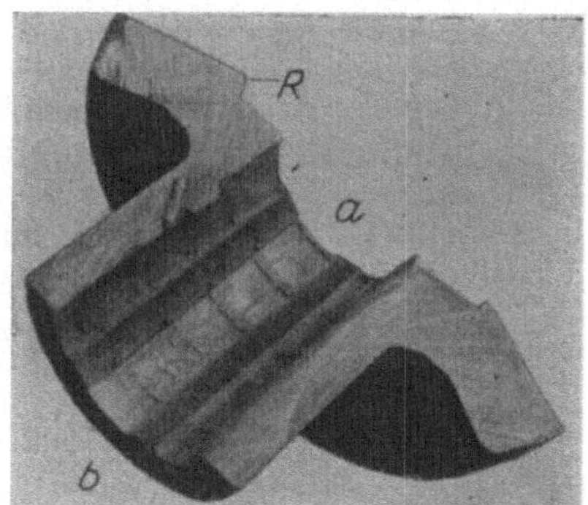

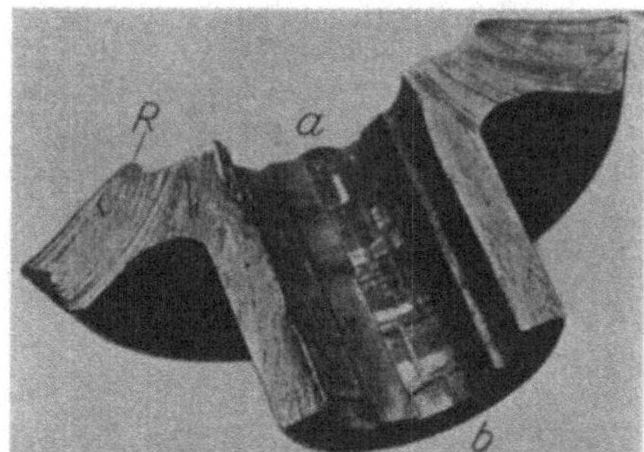


Fig. 115 und 116. Räumfehler, hervorgerufen durch schiefe Anlagefläche.

auf das Schleifmaß fertig bearbeitet. Hier wird auch der mit $R$ bezeichnete Rand gedreht, so daß eine zur Bohrung senkrecht stehende Fläche geschaffen ist. Aus Unachtsamkeit des Drehers wurde bei dem einen Rad die Bearbeitung des Randes vergessen und der Fehler beim Räumen nicht weiter beachtet. Durch die schräge Anlagefläche wurde die Nadel abgebogen und schief in das Loch hineingezogen. Je weiter die Räumnadel in das Werkstück hineinging, um so mehr bog sie sich durch und erzeugte auf der einen Seite des Loches einen sehr starken Span, und auf der anderen Seite, am gegenüberliegenden Umfang einen ebensolchen. Die Maschine blieb stehen, so daß die Räumnadel festsaß. Nun darf man sich in solchen Fällen nicht verleiten lassen, etwa die Maschine rückwärts in Gang zu setzen, um dadurch gewissermaßen einen Anlaufweg für das nochmalige Anziehen zu haben, denn dann gibt es bestimmt Bruch. Man nehme vielmehr die Nadel mit dem festsitzenden Werkstück heraus und verfahre wie oben angegeben. Aus Fig. 116 ist deutlich zu ersehen, daß bei $b$ ein übermäßig starker, bei $a$ dagegen kaum merklicher Span angesetzt hat. Die andere Hälfte des Kegelrades zeigt Fig. 115. Sie läßt gerade umgekehrten Spanansatz, nämlich bei $a$ starken und bei $b$ schwachen erkennen. Die Nadel war natürlich nach diesem verunglückten Gang krumm, so daß nicht weiter geräumt werden konnte. Eine verzogene Räumnadel auszurichten, will verstanden sein. Man überläßt das Richten besser der Lieferfirma, denn diese hat die notwendigen Erfahrungen. Die Schlußfolgerung aus diesem Beispiel ist: man untersuche die Werkstücke vor dem Räumen auf ihre Vorbearbeitung.

Hierzu gehört auch, daß man bei ausgesparten Bohrungen prüft, ob die Aussparung wirklich da ist. Denn die Räumnadeln werden meist so konstruiert, daß die Spankammern den hierbei in zwei Locken abgehobenen Span wohl aufnehmen können, daß aber die eine Locke, die sich ohne Aussparung bildet, Schwierigkeiten hervorrufen kann (s. auch S. 24).

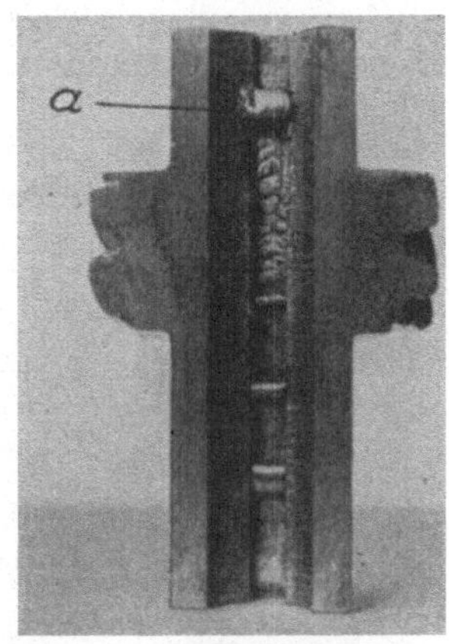

Fig. 117. Fehler: stumpfer Zahn.

In das Schraubenrad (Fig. 117) wird die Keilnute mit Nutenziehmesser eingeräumt. Zu diesem Zweck wird das Rad auf einen Dorn genommen, der eine Führungsnute für die Räumnadel hat. Die Nadel hatte nun bei diesem Werkstück einen im Laufe der Arbeit stumpf gewordenen Zahn, der den Werkstoff anders zerspante als vorgesehen. Hierdurch verstopfte sich die Spankammer, und die immer aufs neue zufließende Spanmenge verursachte ein Abbiegen des Zahnes, was Spanverstärkung bedeutet. Der zerspante Werkstoff schaffte sich mit Gewalt Platz und trat seitlich aus, so daß sich die bei *a* angedeutete Ausfressung bildete. Fig. 118 zeigt das zerschnittene Rad in der Ansicht von vorn. Hier ist deutlich zu erkennen, wie der Werkstoff seitlich gedrückt wurde, so daß die Maschine hängenblieb. Der als Aufnahme benutzte Dorn war natürlich an der Fehlerstelle stark beschädigt und saß im Werkstück fest. Die Prüfung der Nadel ergab, daß tatsächlich der Zahn eine bleibende Veränderung von mehreren Zehnteln erlitten hatte. In Wirklichkeit hat er also noch höher gestanden, denn auch die Tiefe des „Loches" beträgt radial gemessen rund 0,5 mm. Man soll, um die Nadel vor derartigen Beschädigungen zu schützen, öfters nachschärfen lassen, denn die Kosten dieser Arbeit stehen in keiner Weise hinderlich im Wege.

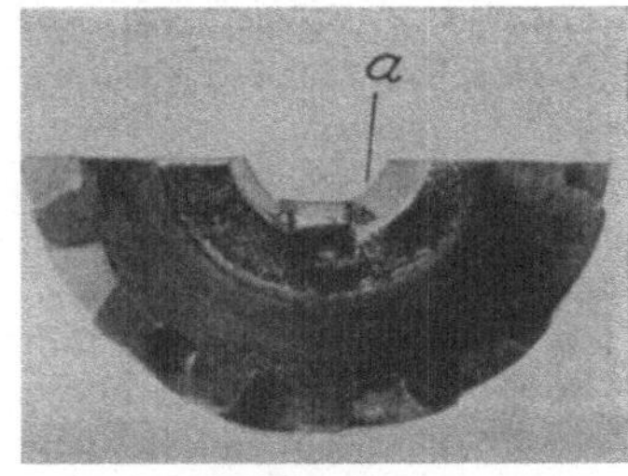

Fig. 118. Fehler: stumpfer Zahn.

Eine ganz bedeutende Fehlerquelle ist auch das Härten der Räumnadel, von dem auf S. 36 die Rede war.

Ein Fehler durch Überhitzung, die den Stahl mürbe macht, wurde an der Räumnadel (Fig. 119) festgestellt. Beim Räumen riß plötzlich die Nadel aus nicht ersichtlichem Grunde dicht hinterm Schafte ab. Die Bruchfläche ließ grobes Kristall erkennen, eine dem verwendeten Stahl nach dem „Verschmoren" eigenartige Erscheinung. Zur Beurteilung des Zusammenhanges mußte das auf der Räumnadel festsitzende Stück aufgeschnitten werden. Nachdem es abgenommen war, konnte man den Fehler sofort erkennen. Der Zahn *b* (Fig. 120) war wie alle anderen beim Härten verbrannt und beim Räumen ausgebrochen. Dadurch war Spanbildung

Fig. 119. Festsitzendes Werkstück.

unmöglich, wie an dem Werkstück bei *a* zu erkennen ist. Die Reibung dieses Zahnes genügte aber, die ohnehin schon durch die Veränderung der Stahleigenschaften geschwächte Nadel zusätzlich soweit zu belasten, daß sie hinter dem Schafte riß.

Durch ein letztes Fehlerbeispiel soll noch auf eine Erscheinung hingewiesen werden, die beim Räumen auftreten kann. Bisweilen zeigen sich in einer geräumten Bohrung wellenartige Marken, ähnlich den bekannten Rattermarken, von denen sie sich jedoch durch die größere Entfernung zweier Wellen unterscheiden. Fühlt man die Bohrung mit den Fingerspitzen ab, so bemerkt man die flachen Erhöhungen und Vertiefungen kaum; meist sind sie so gering, daß sie nur durch die Wirkung des auffallenden Lichtes gesehen werden können. Da die wellenartige Erscheinung nur bei einzelnen Werkstücken auftritt, ein Konstruktionsfehler der Nadel, etwa gleiche Teilung der Zähne, nicht vorliegt, so muß der Fehler am Werkstück selbst zu suchen sein. Kontrolliert man die Stellung der Bohrung zur Anlagefläche, so bemerkt man meist ganz geringe Abweichungen vom rechten Winkel. Ist eine solche nicht festzustellen, so kann man bestimmt annehmen, daß zwischen Maschinenkopf und Anlagefläche ein Spänchen gelegen hat und hierdurch Schiefstellen verursacht wurde. Die geringe Abweichung vom rechten Winkel genügte, um die Wellen hervorzurufen (größere Schrägstellung ergibt andere, bereits beschriebene Fehler). Wie läßt sich ihre Erscheinung erklären? Nun: die meist schwache Räumnadel wird durch die Bohrung hindurchgezogen, wobei sie sich der schiefen Anlagefläche zufolge schief einzustellen versucht und dabei durchgebogen wird. Da die hervorgerufene Spannung in diesem Falle das Werkstück seitlich zu verschieben sucht, dieses aber durch die Zerspanungskraft, die das Arbeitsstück an den Maschinenkopf preßt, erschwert wird, wächst die Spannung der Nadel weiter an, bis endlich die Verschiebung doch erfolgt. Die Räumnadel richtet sich also gewissermaßen selbst wieder aus. In diesem Augenblick markieren sich die Zähne in der Bohrung.

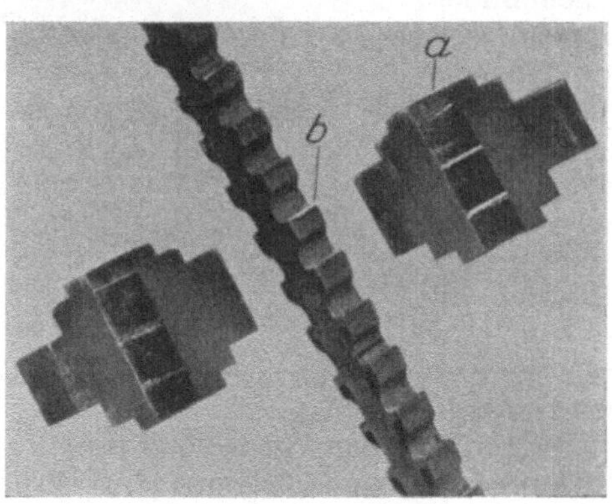

Fig. 120. Räumnadelzähne verbrannt.

Daß die Sonderfirmen heute noch immer neue Räummöglichkeiten durch Versuche zu erreichen suchen, sei besonders erwähnt und an einem Beispiel gezeigt:

Es wurde versucht, Automobilzylinder zu räumen. Um das Werkzeug leichter herstellen zu können, löste man es in Scheiben auf, die auf einen Dorn gesteckt wurden. Bei der Ausbildung der Zähne ging man von den Erfahrungen aus, die man mit Schleppmesserreibahlen gemacht hat. Bei diesen weichen bekanntlich die Messer größeren Unebenheiten in der Bohrung aus, so daß ein „weicher" Schnitt erreicht ist, der besonders saubere Löcher ergibt. Fig. 121 zeigt einen Messerkranz, und zwar mit einem absichtlich ausgebrochenen Schleppzahn, um dessen Form deutlicher zu zeigen.

Fig. 121. Messerkranz.

Man nahm nun an, daß das Räumen ebenso vor sich gehen würde wie das Reiben. Doch es kam anders. Die Zähne federten zwar sehr gut und wichen der geringsten Unebenheit aus, schnitten aber dadurch mit ihren Ecken, so daß Längsmarken entstanden. Trotz mehrfachem Durchziehen derselben Nadel wurde ein einwandfreies Ergebnis nicht erzielt, immer wieder zeigten sich diese Spuren. Dieser Mißerfolg hatte seine Ursache in folgendem: die Schneiden sind, der Rundung des Loches entsprechend, bogenförmig, und zwar durch Rundschliff erzeugt. Wenn nun der Zahn einem Hindernis ausweicht, muß der Schneidenbogen um einen Radius gleich der Zahnhöhe schwenken, sich also nach hinten bewegen. Dadurch schneiden die Zahnecken vor und erzeugen die Spuren. Fig. 122 zeigt übertrieben dieses Vorschneiden. Auch verschiedene Abänderungen führten nicht zum gewünschten Ergebnis.

Fig. 122.

Für das Räumen der Automobilzylinder wurden dann Räumnadeln mit festen Zähnen geschaffen, die den gestellten Anforderungen entsprachen.

## IX. Ausbesserung von Räumnadeln.

Sind runde Räumnadeln stumpf, so werden die Brustseiten der Zähne auf der Rundschleifmaschine nachgeschliffen. Der Brustwinkel ist dabei genau innezuhalten, denn durch seine Veränderung entsteht eine andere Spanbildung, durch die die Räumnadel schlechter als zuvor schneiden würde. Auch müssen Absätze am Zahnfuß vermieden werden, denn dadurch stoßen die Späne sich ähnlich wie in Fig. 123 und verstopfen die Spankammer. Die Abrundung am Fuße der Zähne ist unbeschädigt zu lassen, was mit gut abgerundeter Schleifscheibe leicht zu erreichen ist. Das richtige Brustschleifen ist sehr schwierig.

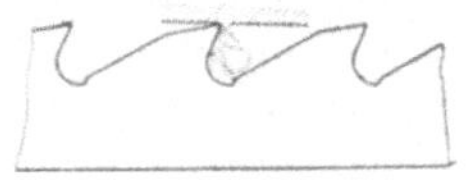

Fig. 123.

Ist aus irgendeinem Grunde die Räumnadel krumm geworden, so muß sie vorsichtig gerichtet werden. Wenn der Außendurchmesser nachgeschliffen werden soll, ist auf besonders genaues Rundlaufen zu achten. Schleift man nämlich eine leicht schlagende Nadel nach, so entstehen ungleiche Fasenbreiten (Fig. 124), die beim Räumen verlaufende Löcher erzeugen, und zwar, weil die breiteren Fasen größere Reibung an den Lochwänden haben als die schmalen. Deshalb verlaufen die Nadeln immer nach dieser Seite, denn die Schneide ist ja hier günstiger, schärfer und greift leichter an.

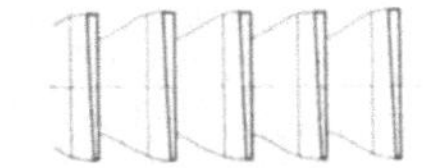

Fig. 124.

Beim Rundschleifen wird so verfahren, daß von jedem Zahn soviel abgeschliffen wird, wie die Steigung von Zahn zu Zahn ausmacht. Man verschiebt also gewissermaßen die Zähne um eine Teilung rückwärts. Dadurch bekommt man allerdings einen Schabezahn weniger, woraus sich bei der Konstruktion der Räumnadel die Forderung nach mehreren Schabezähnen ergibt, um dadurch längere Lebensdauer der Nadel zu erzielen.

Sind an größeren Nadeln die Schabezähne nicht mehr maßhaltig, die Werkzeuge aber sonst noch gut bzw. verwendbar, so muß man sich durch Aufsetzen neuer Zähne helfen. Dabei verfährt man nach Fig. 125: die abgenutzten Zähne werden auf einer Rundschleifmaschine so abgeschliffen, daß ein Zapfen mit sehr guter Ausrundung entsteht. Das Gewinde wird mit

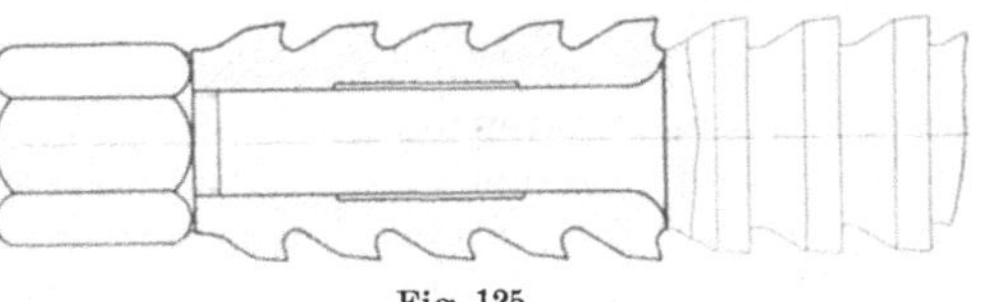

Fig. 125.

Hartgummischeibe aufgeschliffen, wofür natürlich eine Sondereinrichtung erforderlich ist. Die Länge des Gewindes ist so zu wählen, daß die Beanspruchung nicht zu hoch wird. Das aufzusetzende Stück erhält „Festsitz", wobei zu beachten ist, daß bei Rundnadeln eine Sicherung der beiden Teile gegen Verdrehen nicht notwendig ist, dagegen wohl bei Formnadeln. Eine kräftige Mutter hält die beiden Teile zusammen. Das Ersatzstück wird erst nach dem Zusammenbau außen geschliffen.

Bei abgenutzten Nutennadeln können die Schabezähne etwas hochgerichtet werden, doch ist hierzu ganz besondere Vorsicht notwendig, damit die Zähne nicht abgeschlagen werden. Am besten geschieht das Hochrichten mit Durchschlag, der gegen die Zahnbrust gehalten wird, und einem Niethammer; doch sollte diese Arbeit nur einem ganz erfahrenen Werkzeugmacher anvertraut werden, denn sie erfordert viel Geschick und kann nur als letzte Rettungsmöglichkeit angesehen werden.

Ist ein abgebrochener Zahn zu ersetzen, so verfährt man in folgender Weise: der Zahn wird soweit wie möglich herausgeschliffen, damit er nicht mehr schneiden kann, und die nachfolgenden Zähne werden etwas „vermittelt", d. h. jeder wird um den gleichmäßig verteilten Fehlbetrag erhöht, so daß jeder Span um ein Geringes stärker wird. Wenn die Spankammern diese Spanverstärkung nicht zulassen, dann muß ein Schabezahn geopfert werden, was meist das einfachere Verfahren ist. Die erstgenannte Arbeit ist von Hand auszuführen, denn der Ausgleich durch mechanische Bearbeitung erfordert genauestes Ausrichten der Räumnadel. Allerdings ist zu beachten, daß ungleiche Spanzunahme ein Verlaufen der Nadel verursacht. Wenn also auf einer Seite der Nadel ein Zahn ausgeglichen wurde, so muß auf der gegenüberliegenden Seite in derselben Weise ein Ausgleich geschaffen werden, damit die Seitendrücke sich gegenseitig aufheben.

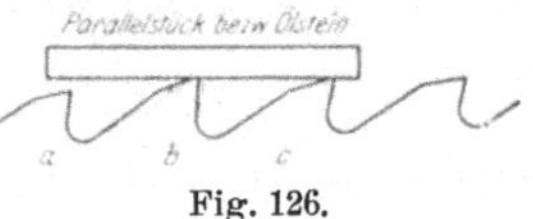

Fig. 126.

Zähne, die durch vollsitzende Spankammern hochgedrückt wurden, sind mittels Abziehstein wieder auf richtige Höhe zu bringen. Sobald die dem beschädigten Zahn *b* (Fig. 126) benachbarten Schneiden *a* und *c* am Abziehstein anliegen, hat *b* wieder die vorschriftsmäßige Höhe. Darauf wird durch Nacharbeit die Breite seiner Fase den anderen gleichgemacht. Der durch das Hochdrücken veränderte Brustwinkel wird ebenfalls nachgearbeitet.

Schwieriger ist die Ausbesserung, wenn die Räumnadel durch Überbeanspruchung gerissen ist. Hier ist zu entscheiden, ob sich die Ausbesserung überhaupt lohnt. Die Möglichkeit der Reparatur besteht meist, jedoch ist sie teuer und auch nur an großen Nadeln durchführbar. Auch ist zu überlegen, ob nicht eines der Bruchstücke durch ein neues Stück ersetzt werden kann, dessen Anfertigung einfacher ist. Dabei kommt es darauf an, an welcher Stelle die Nadel gerissen ist. Befindet sich die Bruchstelle hinter dem Schaft in der ersten Spangrube, so tut man gut, das Schaftbruchstück wegzuwerfen, denn das Zusammensetzen der harten Stücke würde ungleich mehr Zeit in Anspruch nehmen als die Neuanfertigung eines Schaftstückes. Dabei wird nach Fig. 127 verfahren: am verzahnten Bruchstück wird ein Gewinde mit zylindrischen Führungszapfen angeschliffen und das neue, außen nur vorgearbeitete Schaftteil wird fest aufgeschraubt und auf der genau laufenden Nadel nunmehr fertiggeschliffen. Die Steigung der Zähne muß dann natürlich durch „Ver-

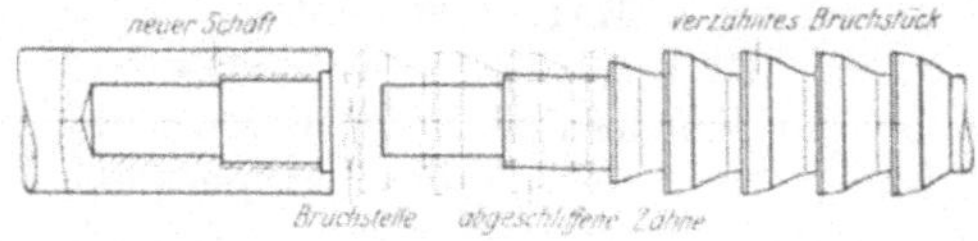

Fig. 127.

mitteln" ausgeglichen werden. Selbstverständlich sollen dann von einer derartig ausgebesserten Nadel nicht Gewaltleistungen verlangt werden; man beschränke sich hier vielmehr auf die geringstzulässige Bohrungslänge.

In derselben Weise verfährt man, wenn die letzten Zähne abgerissen sind. Dann wird an den verzahnten Teil der Zapfen angearbeitet, und das neu anzufertigende Stück mit der entsprechenden Bohrung versehen. Gegen Verdrehen sind die beiden Stücke zu sichern.

Endlich kann die Räumnadel in der Mitte entzweibrechen, was als ungünstigster Fall angesehen werden muß. Es muß dann nach Fig. 128 ausgebessert werden, doch ist vorher zu prüfen, ob durch das „Vermitteln" die Spanstärke nicht zu groß wird.

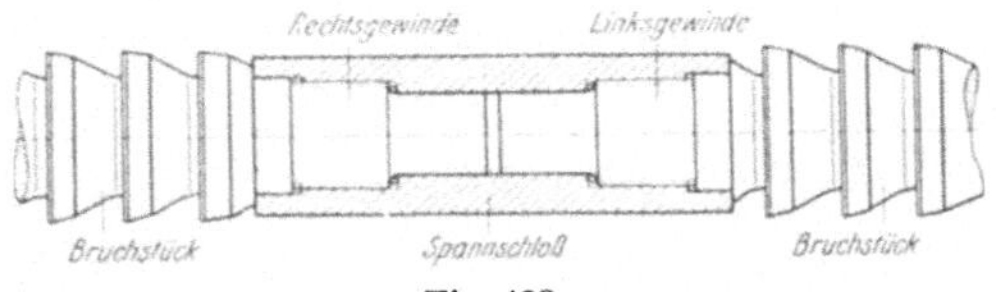


Fig. 128.

Dünne Nadeln, bei denen die eben beschriebenen Reparaturen nicht ausgeführt werden können, lassen sich gegebenfalls elektrisch schweißen, jedoch ist diese Arbeit nur dann von Erfolg, wenn der Bruch am Schaft oder an der Mitnehmerfläche liegt. Zwischen den Zähnen zerbrochene dünne Räumnadeln sind ein für allemal verloren. Jeder Ausbesserungsversuch ist zwecklos.

Ist dagegen eine Nadel am Schaft abgerissen, so schrägt man die Bruchstücke an (Fig. 129) und schweißt sie fest. Dabei müssen sie genau ausgerichtet sein, denn nach dem Schweißen führt jeder Richtschlag zu neuem Bruch.

Fig. 129.

Durch Angabe der verschiedenen Ausbesserungsmöglichkeiten soll nun keineswegs gesagt werden, daß jeder Fehler wieder auszubessern sei. Vor allem aber müssen dazu Sondervorrichtungen vorhanden sein, z. B. um die Gewinde in die harten Zapfen einzuschleifen.

Ist eine Räumnadel beschädigt, so versuche man gar nicht erst den Fehler selbst auszubessern, sondern überlasse sie vielmehr der Lieferungsfirma zur Beurteilung. Diese ist imstande, das Beste noch herauszuholen. Mit einer durch Nacharbeit bereits verdorbenen Räumnadel kann jedoch selbst eine Sonderfirma nichts anfangen.

**Weickert-Stolle, Praktisches Maschinenrechnen.** Die wichtigsten Erfahrungswerte aus der Mathematik, Mechanik, Festigkeits- und Maschinenlehre in ihrer Anwendung auf den praktischen Maschinenbau.

I. Teil: **Elementar-Mathematik.** Eine leichtfaßliche Darstellung der für Maschinenbauer und Elektrotechniker unentbehrlichen Gesetze. Von Oberingenieur **A. Weickert.**

Erster Band: **Arithmetik und Algebra.** Zehnte Auflage. (Unveränderter Neudruck der neunten, durchgesehenen und vermehrten Auflage.) X, 220 Seiten. 1926. RM 5.10; gebunden RM 6.—

Zweiter Band: **Planimetrie.** Zweite, verbesserte Auflage. Mit 348 Textabbildungen. VIII, 230 Seiten. 1922. RM 4.20; gebunden RM 4.80

Dritter Band: **Trigonometrie.** Zweite, verbesserte Auflage. Mit 106 Textabbildungen. VI, 161 Seiten. 1923. RM 2.70; gebunden RM 3.75

Vierter Band: **Stereometrie.** Zweite, verbesserte Auflage. Mit 90 Textabbildungen. VI, 112 Seiten. 1923. RM 2.70; gebunden RM 3.30

II. Teil: **Allgemeine Mechanik.** Eine leichtfaßliche Darstellung der für Maschinenbauer unentbehrlichen Gesetze der allgemeinen Mechanik als Einführung in die angewandte Mechanik. Achte Auflage, neu bearbeitet von Dipl.-Ing. Prof. **Hermann Meyer,** Magdeburg, und Dipl.-Ing. **Rudolf Barkow,** Zivil-Ingenieur in Charlottenburg. Mit 152 in den Text gedruckten Abbildungen, 192 vollkommen durchgerechneten Beispielen und 152 Aufgaben. X, 221 Seiten. 1921. Gebunden RM 2.10

III. Teil: **Festigkeitslehre und angewandte Mechanik.** Von Oberingenieur **A. Weickert.**

Erster Band: **Festigkeitslehre.** Achte Auflage. (Unveränderter Neudruck der siebenten, umgearbeiteten und vermehrten Auflage.) Mit 94 Textabbildungen, vielen vollkommen durchgerechneten Beispielen, Aufgaben und 20 Tafeln. VIII, 232 Seiten. 1926. RM 5.40; gebunden RM 6.30

Zweiter Band: **Angewandte Mechanik.** In Vorbereitung

IV. Teil: **Ausgewählte Kapitel aus der Maschinenmechanik und der technischen Wärmelehre.** Zweite Auflage. In Vorbereitung

---

**Angewandte darstellende Geometrie insbesondere für Maschinenbauer.** Ein methodisches Lehrbuch für die Schule sowie zum Selbstunterricht. Von **Karl Keiser,** Studienrat, ehemaliger Lehrer an der Höheren Maschinenbauschule zu Leipzig. Mit 187 Abbildungen im Text. 164 Seiten. 1925. RM 5.70

---

**Analytische Geometrie für Studierende der Technik und zum Selbststudium.** Von Prof. Dr. **Adolf Heß,** Winterthur. Mit 140 Abbildungen. VII, 172 Seiten. 1925. RM 7.50